公文

一句話

敘述

程式

第一次學C語言

入門就上手

C Programming Language for Beginners

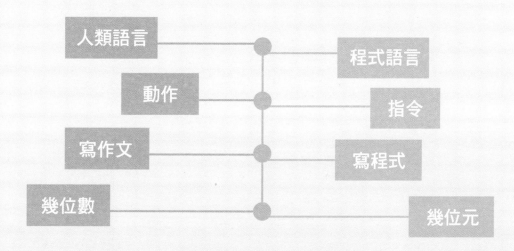

人類語言 —— 程式語言

動作 —— 指令

寫作文 —— 寫程式

幾位數 —— 幾位元

五南圖書出版公司 印行　　林振義 著

序

　　程式語言是電腦語言，是人類要求電腦依我們的想法去做事的語言，既然是一種語言，其學習的方法就和我們學中文、美語相似。我們在學中文或美語時，最重要的是要學會「聽、說、讀、寫」，而我們在學程式語言時，最重要的是要學會「讀、寫」。

　　我大學時所修的程式語言是 Fortran，它是一學期 3 小時的課，它的語法不多，老師的教學重點是強調大家要會寫程式，所以我的同學們幾乎都會寫程式。現在的程式語言，如 C、C++、……，其語法非常多，還是一學期 3 小時的課，有些老師為了將全部的語法教完，大多數的上課時間都在教語法，而忽略學習程式語言最重要的是要會寫程式。現在很多程式語言的教科書也花很多篇幅在介紹語法，而最重要的程式範例卻很少，加上很多教科書都「教其然，不教其所以然」，例如：變數為何要宣告、程式為何要這樣寫、……。以至於現在很多學生學完一學期的程式語言課還是不會寫程式，這就好像英文系畢業的學生不會講英文一樣，白學了。

　　我教我們系上程式語言課時，就是大量的做練習，發現很多學生使用 if 敘述還能得心應手，但到了 for 敘述時，使用起來就有點障礙了，學不會就是要多練習。我上課不要求把全部的語法教完，而是要求要會寫程式，要求多練習寫程式，學生普遍反應良好。

　　C 語言是很早就被提出來的程式語言，由於它有很多的優點，以至於到現在還沒被淘汰，且有很多的程式語言是以 C 語言為基礎發展出來的。C 語言的 if、for、while 敘述、陣列、函數和檔案處理是很多種程式語言共同有的內容，且很多領域只需要用到這些內容就足以應付其工作所需。

　　有鑑於此，本書僅介紹這些語法，搭配充足的例子，「寫其然，亦寫其所以然」，再由「中文的用法」導入「程式語言的語法」，來讓讀者可以很容易地進入程式語言的領域。「凡事起頭難」，只要讀者學會這些內容，要再看其他程式語言的內容，相信就能很快地進入狀況。

　　最後，非常感謝五南圖書股份有限公司對此書的肯定，此書才得以出版。本書雖一再校正，但錯誤在所難免，尚祈各界不吝指教。

林振義 謹誌
email:jylin@must.edu.tw

教學成果

1. 教育部 105 年**師鐸獎**（教學組）。
2. 星雲教育基金會第十屆（2022 年）**星雲教育獎典範教師獎**。
3. 教育部 104、105 年全國大專校院**社團評選特優獎**的社團指導老師（熱門音樂社）。
4. 國家太空中心 107、108、109、110、112 年**產學合作計畫主持人**。
5. 參加 100、104 年**發明展**（教育部館）
6. 明新科大 100、104、107、109、111 學年度**教學績優教師**。
7. 明新科大 110、111、112 年**特殊優秀人才彈性薪資獎**。
8. 獲邀擔任化學工程學會 68 週年年會工程教育論壇講員，演講題目：工程數學 SOP+1 教學法，時間：2022 年 1 月 6~7 日，地點：高雄展覽館三樓。
9. 獲選為技職教育**熱血老師**，接受蘋果日報專訪，於 106 年 9 月 1 日刊出。
10. 107 年 11 月 22 日執行**高教深耕計畫**，同儕觀課與分享討論（主講人）。
11. 101 年 5 月 10 日學校指派出席龍華科大校際**優良教師觀摩講座**主講人。
12. 101 年 9 月 28 日榮獲**私校楷模獎**。
13. 文章「**SOP 閃通教學法**」發表於師友月刊，2016 年 2 月第 584 期 81 到 83 頁。
14. 文章「**談因材施教**」發表於師友月刊，2016 年 10 月第 592 期 46 到 47 頁。

目 錄

Chapter **1** 程式語言簡介

1.1 人類語言與程式語言

　　我們彼此間溝通的語言是中文或方言，美國人是美語或英語，而我們和電腦溝通的語言是程式語言（Programming Language），程式語言是人類為了讓電腦依我們的想法工作，所設計出來控制電腦的語言。不同的應用領域，為了滿足該領域的特性，會設計出不同的程式語言，如：C、Java、Python 等均是程式語言，不同的程式語言的目的是為了更貼近該應用領域。

　　但電腦真正看得懂的語言是機器語言（Machine Language）。機器語言全部由 0、1 所組成的語言。要我們用 0、1 二個符號來寫一篇文章，命令電腦依據此文章的內容來執行一件工作，對我們而言是件非常辛苦的事。所以我們會先用比較容易書寫的方式（程式語言），寫出我們所要的內容，再經由翻譯器，將它翻譯成電腦看得懂的機器語言。

　　其實人類世界和電腦世界的名詞雖然不同，但它們的意義是相近的。

例如：

(1)「程式語言」對應到「人類語言」：

　(a)「人類語言」有：中文、英文、日文、……；

　(b)「程式語言」有：C、Java、Python、C++、C#、Visual Basic、NET、……。

(2)「程式」對應到「公文」：

　(a)「公文」是用「中文」所寫出來的一篇文章，「某些人」會根據文章的內容做某些事；

　(b)「程式（Program）」是用「程式語言」所寫出來的一篇文章，「電腦」會根據文章的內容做某些事。

(3)「敘述」對應到「一句話」：

　程式內的一句話，稱為一個敘述（Statement）。

(4)「指令」對應到「動作」：

　敘述內的動作稱為指令（Instruction）。

(5)「寫程式」對應到「寫作文」：

　　學習中文或英文時，老師會要求我們多練習寫作文，且語法和語意要正確，文章才會通順；學習程式語言也一樣，要多練習寫程式，且語法和語意要正確，所寫出來的程式才會正確、精簡、有效率、容易閱讀。

(6)「幾位元」對應到「幾位數」：

　　程式語言的「幾位元」，就類似我們所說的「幾位數」。

　　程式語言有很多種，若依照其語法與「人類語言相近程度」來分類，可分為二類：

一、低階語言（Low-level Language）

　　它又可分為兩類：

(1) 機器語言（Machine Language）

　　它是電腦直接執行的程式語言，是由 0、1 二個符號組合而成的，也是最早的程式語言。

(2) 組合語言（Assembly Language）

　　要我們用 0、1 二個符號的組合來寫一個程式，不僅很辛苦而且很容易出錯。組合語言是將 0、1 二個符號的組合使用「輔助記憶碼（Mnemonics），即有意義的幾個字母」來代替，以方便程式設計師撰寫程式。它所寫出來的程式和機器語言的程式幾乎是一對一的對應關係。因為它不是機器語言，所以要用「組譯器（Assembler）」將它翻譯成機器語言的程式後，再由電腦來執行。

二、高階語言（High-level Language）

　　它的語法與人類語言的語法相似，我們可以很容易用它來寫一個程式。常見的高階語言有：C、Java、Python、C++、C#、Visual Basic、NET、……。我們要用「編譯器（Compiler）」將高階語言程式翻譯成電腦看得懂的機器語言，再由電腦來執行；或是用「直譯器（Interpreter）」來將程式每翻譯一個敘述，電腦就馬上執行該敘述，直到程式的語法有錯或程式執行完為止。

　　編譯器和直譯器的不同處是：

(1) 編譯器是將程式全部翻譯成機器語言後，再由電腦來執行；

(2) 直譯器是程式翻譯一行後，電腦就執行該行，等電腦執行完該行後，再繼續翻譯下一行，以此類推，直到程式全部做完為止。

本書只探討高階語言的程式設計，低階語言的程式設計不在本書的範圍內。

1.2 二進位系統

我們有十根手指頭，算術數到十後進一位是很自然的一件事，所以我們使用十進位來記數，它用到 0, 1, 2, …, 9 等 10 個數字；而電腦儲存資料是用「電源的開或關」或「電磁的北極或南極」，它只有二種狀態（開或關，北極或南極），所以使用二進位，它只用到 0, 1 二個數字，例如數值 $100110_{(2)}$。

十進位有幾個數字，稱為幾「位數」，例如：235 稱為 3 位數；二進位有幾個數字，稱為幾「位元（Binary Digit，簡稱為 Bit）」，例如：$10011_{(2)}$ 稱為 5 位元。位元是電腦存放資料的最小單位，它的值不是 0 就是 1。我們通常會把 8 個位元綁再一起，當成一單元（unit）來使用，稱 8 個位元為一位元組（Byte），其中從最右邊到最左邊的位元分別稱為位元 0、位元 1、…、位元 7 等（見下圖）。在很多應用中，會以位元組做為計算或儲存的單元。位元組通常以大寫的 B 表示，以區分小寫 b 的位元，例如：100B 為 100 個「位元組」，而 100b 為 100 個「位元」。

一位元組等於8位元

我們在數算數時，其為 1、萬（$=10^4$）、億（$=10^8$）、兆（$=10^{12}$）等四位數一數，而歐美國家是三位數一數，即 1、千（$=10^3$，thousand）、百萬（$=10^6$，million）、十億（$=10^9$，billion）、1 兆（$=10^{12}$，trillion）等，他們沒有「萬」這個單字，而是稱為「10 千」。

因電腦是美國人發明的，電腦也就以三位數一數，而最接近 1 千的二進位是 2^{10}（=1024），也就是

1K（Kilo，千，簡稱 K）$=2^{10}$

1M（Mega，百萬，簡稱 M）$=2^{20}=2^{10} \cdot 2^{10}$

1G（Giga，十億，簡稱 G）$=2^{30}=2^{10} \cdot 2^{20}$

1T（Tera，兆，簡稱 T）$=2^{40}=2^{10} \cdot 2^{30}$

所以 1Kb 表示一千個位元，1MB 表示一百萬個位元組。

(一) 數值的儲存

不像我們十進位可用正負號和小數點來表示一個數值，電腦的每個位元只能存 0 或 1，不能有正負號或小數點，所以要存放 (a) 只有正數或 0 的整數值、(b) 有正負號的整數值、(c) 有小數點的數值時，就要有不同的存放方式（見計算機

概論的書）。例如：若用 8 位元的 10110010，表示上面 (a)、(b)、(c) 三種數值，雖然都是 10110010，但卻表示三個不同的十進位數值。

　　且我們在書寫一個十進位的數值，可以寫出任何的位數，例如：123 或 123456789 等，不用事先聲明是幾位數。但電腦在儲存一個數值前，必須事先告訴它要用幾個位元來存放資料：

(1) 若事先聲明的位元數大於資料數，則左邊的位元補 0。例如，將 $1010_{(2)}$ 存入一位元組內的形況如下圖

0	0	0	0	1	0	1	0

(2) 若事先聲明的位元數小於資料數，則數字超過位元數左邊的資料會不見，此種情況稱為溢位（Overflow，資料溢出來了），發生這種情況，程式的執行結果就會出錯。例如，將 1111100000（5 個 1，5 個 0）存入一位元組內的形況，最左邊的 2 個 1 放不下，就被拋棄了。如下圖

1	1	1	0	0	0	0	0

(二) 浮點數的截斷誤差

　　有小數點的數稱為浮點數（Floating Point），也必須事先告訴電腦要用幾個位元來存放資料，要將一個浮點數存放入電腦的記憶體內，它是小數點對齊後放入，因十進位的浮點數值轉成二進位時，此二進位的值通常是無窮小數，放入有限的位元後，放不進去的就被捨去了，例如：下圖小數點在第 6 位元處（示意圖，真實的存法沒有小數點的位元）

7	6	5	4	3	2	1	0
	.						

要將 1.00001111 放入，其為（示意圖）

1	.	0	0	0	0	1	1

最後面的 2 個 1 不見了，若要再把這個位置的值讀出來，變成 1.000011，就和之前的數值不同，此誤差（Error）稱為截斷誤差（Truncation Error），因此誤差值非常小，在大多數的應用裡，都可以不用考慮它。

(三) 字元表示法

因電腦內的記憶體只能存放 0, 1 二種符號，無法直接存放英文字母、日文 50 音或中文字（底下稱為字元）等，儲存這些字元的做法是要有一個「對照表」（或稱為「碼（Code）」）來將每一個字元指定一個數值給它，當某一個字元要存入記憶體時，就查其在「對照表」所對應的數值，再將此數值存入記憶體內；反之，若要將記憶體內的字元顯示到螢幕上或印到報表紙上時，先查此數值在「對照表」的位置，找出它所對應的字元，再將此字元顯示或印出來。

現在鍵盤上的英文字母、0 到 9 數字和特殊符號（!@#$% 等）的對照表是使用 ASCII 碼，它使用一個位元組來存放（見附錄一），它的編碼有一個規則，就是當大寫 A（或小寫 a，或數字 0）的 ASCII 碼決定後，其後面的大寫 B（或小寫 b，或數字 1）就加 1，即大寫 A 的 ASCII 碼是 65，則 B, C, D, …分別為 66, 67, 68, …。同理，小寫 a 的 ASCII 碼是 97，則 b, c, d,…分別為 98, 99, 100, …。數字 0 的 ASCII 碼是 48，則 1, 2, 3, …分別為 49, 50, 51, ……。

1.3 流程圖

我們可以將程式的流程或工作的流程以方塊圖來表示，此圖形稱為流程圖（Flowchart），它是以不同形狀的框框來代表不同種類的動作，相鄰兩個步驟之間則以箭頭連接。流程圖在分析、設計、記錄及控制領域都有廣泛的應用。底下的表格是流程圖不同形狀的框框所代表的意義。

形狀	名稱	描述
→	流程符號	用來表達流程的次序，由一個符號用此線連接到另一個符號。
▭	「開始」或「結束」符號	用來表示程式的開始與結束。通常裏面會寫上「開始」或「結束」。
□	動作	用長方形來代表一系列的動作。
◇	條件判斷	用一個菱形表示條件判斷。通常以「成立 / 不成立」或「真 /假」值去決定執行的路徑。
▱	輸入/輸出	用平行四邊形來表示輸入或輸出。
○	同頁連結	在同一頁上，不方便以連接者，可用一個含有字母的小圓圈來連接目標流程。
⬠	換頁連結	用一個倒畫的屋型來連接到下一頁的目標流程。

範例 1　有一程式的流程如下，請用流程圖畫出。

步驟 1：輸入 a, b, c 三數

步驟 2：若 a ≥ b，則

若 a ≥ c，則最大值 = a；

否則最大值 = c

否則（註：表示 a < b）

若 b ≥ c，則最大值 = b；

否則最大值 = c

步驟 3：輸出最大值

解：

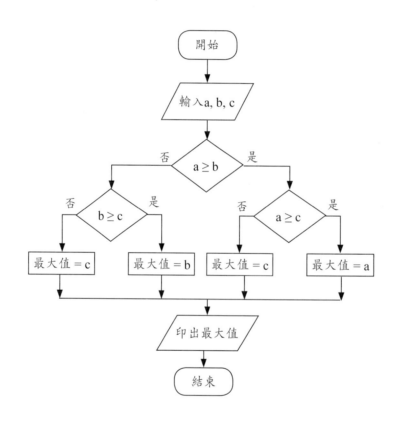

1.4 結構化程式設計

就如同國小寫作文一樣，老師一定會說，作文不要寫得雜亂無章。寫程式也一樣，要盡量寫得讓人很容易看得懂。在寫程式時，要盡量設計成有結構化。結構化程式設計（Structured Programming）一般包含三種結構（見下圖）：

(1) 循序性結構：此結構內的敘述是，一行接著一行由上而下的執行下來（下圖 (a)）；

(2) 選擇性結構：此結構內的敘述是，當某個條件成立時，就做某一段程式，當條件不成立時，則做另一段程式（下圖 (b)）；

(3) 重複性結構：此結構內的敘述會重複執行多次（下圖 (c)）。

　　結構化程式設計的原則是：

(1) 每個結構設計成只有一個入口與一個出口，讓程式容易維護，上面 3 種結構都是只有一個入口與一個出口。

(2) 盡量避免使用 goto 敘述，goto 敘述的動作類似我們在玩大富翁的「前進到忠孝東路」，直接跳到某行敘述，它破壞了「只有一個入口（從外面直接跳到另一結構內的忠孝東路）與一個出口（從目前的位置跳離開此結構）」的原則。

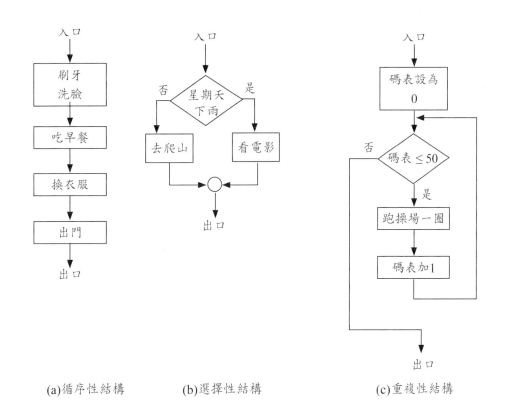

(a)循序性結構　　　(b)選擇性結構　　　(c)重複性結構

1.5 撰寫程式

　　要開發一個程式，其步驟如下（見下圖）：

(1) 撰寫或修改程式：利用文書處理器〔稱為編輯器（Editor）〕來編輯程式，此程式稱為「原始程式（Source Program）」，C 語言原始程式的副檔名通常是「.c」，而 C++ 語言原始程式的副檔名通常是「.cpp」；

(2) 編譯此程式：利用編譯器（Compiler）來檢查此程式的「語法」是否有錯，

　　(a) 若編譯有錯（語法錯誤），則回到步驟 (1) 修改此程式；

　　(b) 若編譯沒有錯，則系統會自動產生「目的程式（Object Program）」，目的程式已是機器語言了，但它可能還不是一個很完整的程式，目的程式的副檔名通常是 .o 或 .obj；

(3) 連結此程式：利用連結器（Linker）來連結目的程式，它的目的是將目的程式目前缺少的部分（程式）連結進來，

    (a) 若連結有錯，則回到步驟 (1) 修改此程式（通常不會錯）；

    (b) 若連結沒有錯，則系統會自動產生「可執行程式（Executable Program）」，可執行程式的副檔名通常是 .exe 或沒有副檔名；

(4) 驗證可執行程式：此步驟的目的是要檢查程式的「語意」是否正確，是檢查程式是否有依照我們的想法去寫，檢查語意的方法是帶幾組數據進去執行，

    (a) 若執行結果不符合我們的期待就是錯的，則回到步驟 (1) 將錯誤的地方找出來，並改正過來〔此稱為除錯或抓蟲（Debug）〕；

    (b) 若執行結果符合我們的期待就「可能」是對的，這裡說「可能」是除非程式的每條路徑都驗證過才能確定，否則若數據量不足，可能有些程式片段沒被驗證到。

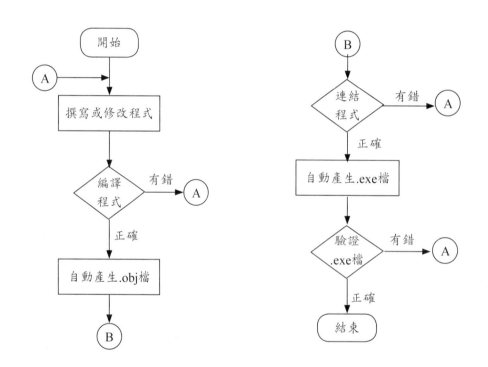

　　很多廠商會把上述的步驟整合在一個程式內，以方便使用者開發程式，此整合的程式稱為「整合開發環境（Integrated Development Environment，簡稱 IDE）」。有些 IDE 會省去第 (3) 步驟的「連結此程式」，而是在第 (4) 步驟的「驗證可執行程式」前先做此動作。

　　C 語言有一個免費的整合開發環境（IDE），稱為 Dev-c++，讀者可自行下載此程式來做練習。每個廠商為了方便設計出自己的整合開發環境（IDE），在程式的撰寫部分可能會有少許的不同，讀者如果在程式編譯時，出現錯誤，可能就要去查看該整合開發環境（IDE）所要求的寫法。

第一章習題

1. 解釋名詞

    (1) 程式語言　　(2) 機器語言　　(3) 程式　　(4) 敘述　　(5) 指令

    (6) 低階語言　　(7) 組合語言　　(8) 高階語言　　(9) 位元　　(10) 位元組

    (11)1K　　(12) 1M　　(13)1G　　(14)1T　　(15) 截斷誤差

    (16) 碼（code）　　(17) 循序性結構　　(18) 選擇性結構　　(19) 重覆性結構

    (20) 溢位　　(20) 原始程式　　(21) 目的程式　　(22) 可執行程式

    (23) 整合開發環境（IDE）

2. 程式語言有很多種，若依照其語法與人類語言相近程度來分類，可分為哪二類？

3. 程式的低階語言有哪二類？

4. 編譯器和直譯器的不同處為何？

5. 現在鍵盤上的英文字母、0 到 9 數字和特殊符號（!@#$% 等）是使用哪種編碼方式？

6. 結構化程式設計（Structured Programming）一般包含哪三種結構？要盡量避免使用哪個敘述？

7. 要開發一個程式，其步驟為何？

8. 編譯器是檢查程式的甚麼是否有錯？驗證可執行程式是檢查程式的甚麼是否有錯？

9. C 語言原始程式的副檔名為何？目的程式的副檔名為何？可執行程式的副檔名為何？

10. 有一程式的流程如下，請用流程圖畫出。

    步驟 1：輸入 a, b 二數

    步驟 2：若 a≥b，則最大值＝a，最小值＝b；

    　　　　否則最大值＝b，最小值＝a

    步驟 3：輸出最大值和最小值

11. 跑操場 50 圈，請用流程圖畫出。

    步驟 1：碼表設為 0

    步驟 2：若碼表＜50，

    　　　　則：跑操場一圈

    　　　　　　碼表加 1

    　　　　　　回到步驟 2

    　　　　否則：結束

Chapter **2** 程式的基礎

2.1 變數和常數

程式就類似我們的公文，若公文內的一句話是「我的『存款簿』內有『100』元」，其中：

(1)「存款簿」是用來存放「有多少錢」的資料，它可能會「隨著時間的過去」而改變，例如：今天 100 元，明天 200 元等，且它只存放一個數值（100 元或 200 元）；

(2)「100」，它是一個固定不變的常數。

相同的，在程式內所使用的數也分為二類：

一、常數（Constant）：它不會隨著程式的執行（如同上面的「隨著時間的過去」）而改變。例如：100，不管程式怎麼執行，它還是 100。

二、變數（Variable）：它會隨著程式的執行而可能改變的數。例如：「存款簿」是一個變數，其內的錢可能會改變。

底下分別說明此二名詞的意義：

一、常數

常數在日常生活中是以十進位表示，而在程式內則可以有下列四種的表示方式：

(1) 二進位表示法：它只能用 0、1 二個符號來表示一個數值，且要在數值後面加上英文字母大寫的 B（Binary，二進位）或小寫的 b，以便與其他表示法做區別。例如：10110100B 為一二進位數，其值為 $10110100_{(2)}$。

(2) 八進位表示法：它只能用 0 到 7 等八個符號，且要在數值後面加上英文字母大寫的 O（大歐，Octal，八進位）或小寫的 o（小歐），以便與其他表示法做區別。例如：123O 為一八進位數，其值為 $123_{(8)}$。

(3) 十進位表示法：它使用 0 到 9 等十個符號，因為十進位最常使用，我們可以直接寫其數值或在數值後面加大寫的 D（Decimal，十進位）或小寫的 d。例如：568 或 568D 為十進位數值。

(4) 十六進位表示法：它使用 0 到 9 和 A（或 a）到 F（或 f）等十六個符號，且要在數字後面加上 H 或 h（Hexadecimal，十六進位），若數值的第一個符號是 A 到 F 中的其中一個，則數值前面要加上 0（多加一個 0 是為了和後面介紹的變數做區隔）。例如：245H 表示十六進位的 $245_{(16)}$ 或 0d23h 為十六進位數值 $d23_{(16)}$。

它們會在編譯（Compile）或直譯（Interpret）時，被翻譯成二進位數值存放在記憶體內。

二、變數

在日常生活中會用不同的名詞來存放不同的東西，例如：「你的存款簿」內有「多少」錢，「我的存款簿」內有「多少」錢，「鉛筆盒」內有「多少」枝鉛筆等；程式內的變數是用來存放資料的地方，每個變數也要跟它取一個名字（正如同前面「你的存款簿」、「我的存款簿」或「鉛筆盒」），以便區分哪個資料存放在哪個變數內，且每個變數內只存放一個數值（正如：存款簿內的錢只有一個數值一樣）。

變數的命名方式如下：

(1) 由英文字母、數字和底線 (_) 所組成，可以是一個（含）以上的字元；

(2) 第一個字元要為英文字母或底線 (_)；

(3) 不可以使用特殊字元：如：% $ @ ! { } \ < > ... 等；

(4) 不可使用保留字：例如：if, for, while, int, ……；

　　註：保留字（Reserved Word），有時也叫關鍵字（Keyword），是在程式語言設計之初就被定義，這些保留字具有特殊的意義。

(5) 英文字母大小寫有別：例如：abc, Abc, ABC 是 3 個不同的變數。

例如：abc、A_12 或 i 是合法的變數名稱；

下面是錯誤的變數名稱

　　(a) 2xy：數值 2 不能放在第一個位置；

　　(b) ab/：特殊字元 / 不能當變數名稱；

　　(c) for：保留字 for 不能當變數名稱。

註：十六進位表示的數值的第一個符號是 A（或 a）到 F（或 f）中的一個時，其數值前面要多加一個 0，是為了和變數做區隔，否則 d50h 將無法知道是變數還是十六進位的數值。

2.2 變數的宣告

前面有介紹過，變數使用前要先告訴電腦該變數的資料要佔用多少個位元組和如何解釋其內的資料（如：有正負號的數值或浮點數等），此稱為該變數的資料型態（Data Type）。程式語言的變數並不是使用者想用多少個位元組就能用多少個，而是有固定的格式。C 語言的資料型態（固定的格式）有：

一、char（字元，Character）：它佔用 1 個位元組，用來存放該字元的 ASCII 碼。

二、int（整數，Integer）：它佔用 2 或 4 個位元組（依機器的不同而不同），它是用來存放有正負號的整數資料（儲存方式請參閱計概書）。

三、float（浮點數，Floating Point）：它佔用四個位元組，用來存放有正負號的小數點的資料（儲存方式請參閱計概書）。

四、double（倍精準數，Double Precision Floating Point）：它佔用 8 個位元組，也是用來存放有正負號的小數點的資料，它所表示的資料會比宣告成 float 的變數範圍來得大且也較精確。

五、void：它用在函數的呼叫上，以後再介紹。

變數使用前要先說明該變數屬於哪種資料型態，此稱為變數的宣告，也就是變數使用前要先宣告。

變數的宣告方式為：

    資料型態　變數串；

其中：(1) 資料型態為 char, int, float 或 double 之一個；

    (2) 變數串為一個（含）以上的變數，但變數若超過一個時，變數間要用逗點隔開。

例如：char ch;（註：它宣告變數 ch 為一字元變數）

    int x, y, z;（註：它宣告三個變數 x, y, z 均為整數變數）

    float p, q;（註：它宣告二個變數 p, q 為浮數點變數）

上例的「char ch;」為一完整敘述（Statement，即完整一句話），C 語言的每個敘述後面要加一分號（;），用以表示該敘述的結束。

C 語言除了提供上述五種基本資料型態外，還提供三種「修飾指令」，有 short、long 和 unsigned，用以修飾資料的表示方式，其用法如下：

一、short 和 long

　　前面已介紹過 int 的資料型態可能佔用 2 個位元組或 4 個位元組，但若 int 前面多加一個 short（即為 short int 或只寫 short），表示不管那種機器，它一定只佔用 2 個位元組的位置；但若 int 前面多加一個 long（即 long int 或只寫 long），則它一定佔用 4 個位元組的位置。

二、unsigned（無正負號）

　　若使用者變數宣告成 int 或 char，表示該變數是有正負號的數值，即一個位元組（char）的資料範圍為 -128~127。二個位元組的範圍是 -32768 ~ 32767。但若 int 或 char 前面多加一個 unsigned（即 unsigned char 或 unsigned int），則該變數是無正負號的數值，也就是一個位元組（unsigned char）的範圍為 0 ~ 255。二個位元組（unsigned int）的範圍為 0 ~ 65535。

> **例如：** unsigned char a ;（註：宣告變數 a 為 unsigned char）
> long int i, j, k ;（註：宣告變數 i, j 和 k 為 long int）
> unsigned short int p, q, r, s ;

變數可以在宣告的同時，馬上給予一個值。

> **例如：** int sum=0;

它與下列的程式片斷同義：

> int sum;
>
> sum=0;

表示 sum 為一整數，其目前的值為 0。變數宣告後若沒給一個初值，此變數值為一亂數〔有些整合開發環境（IDE）會給 0〕

註：當變數第一次在程式內是出現在等號的右邊時，就要給一初值，若第一次出現在等號的左邊，則不需要給初值。

2.3 輸出入函數

　　一個程式內幾乎都會用到輸出入函數（I/O Function），輸出入函數包含輸出函數（Output Function）和輸入函數（Input Function）二種。函數（Function）是系統、自己或他人已寫好的程式片段，程式設計師可以直接拿來使用。輸入函數是 C 語言整合開發環境（IDE）已寫好的函數，用來將鍵盤所輸入的資料存到變數內，而輸出函數也是系統已寫好的函數，用來將資料輸出到螢幕上。

　　C 語言的輸出入函數比較複雜，C++ 語言就比較簡單，因現在的整合開發環境（IDE）均允許 C++ 語言的輸出入函數用在 C 語言上，所以我們在此只介紹 C++ 語言的輸出入函數。

(一) 輸入函數：

　　C++ 的輸入函數為 cin ，其語法為：

　　　　cin >> 變數名稱；

　　說明：表示要從鍵盤輸入一個數值存入此變數內，且右邊一定要是一個變數
　　　　　名稱。

　　例如： cin >> x ;

　　說明：表示要從鍵盤輸入一個數值存入變數 x 內。

　　　　　若從鍵盤輸入 5<Enter>，則變數 x 的值為 5。

　　cin 函數也可以同時輸入多個變數，其間要用二個大於符號（>>）隔開。

　　例如： cin >> x >> y >> z ;

　　說明：表示要從鍵盤輸入三個數值分別存入變數 x、y、z 內。

　　　　　若從鍵盤輸入 2< 空格 > 3< 空格 > 5< Enter> 或

　　　　　　　　2<Enter> 3<Enter> 5<Enter>，

　　　　　則變數 x=2，y=3，z=5。

(二) 輸出函數：

(1) C++ 的輸出函數為 cout ，其用法為：

cout << "輸出資料" << 變數名稱 (或一運算式);

　　說明：它可以輸出下列二種資料：

　　　　　(a) 用雙引號掛起來：表示雙引號內的資料要原封不動的輸出到螢幕上；

　　　　　(b) 變數名稱（沒用雙引號掛起來）：輸出變數的內容；

　　　　　　　運算式（沒用雙引號掛起來）：會先算出結果後再印出。

　　　　　其間要用二個小於符號（<<）隔開。

　　例如： cout << "x 值為" << x ;

　　說明：若 x=5，則螢幕會出現為：

　　　　　x 值為 5

　　例如： cout<<2+3*5-4;

　　說明：螢幕會出現為：13

(2) cout 函數內可同時印出多個用雙引號括起來的字串和多個變數（或運算式）內容，但他們之間都要用二個小於符號（<<）隔開。

例如： cout<< "x=" << x << "，y 是" << y << "，z 值為" << z;

說明：若 x = 2、y = 3、z = 5，則螢幕會出現：

x = 2，y 是 3，z 值為 5

例如： cout<< "2 + 3 + 5 =" << 2 + 3 + 5 << "，10 + 20 =" << 10 + 20;

說明：螢幕會出現：

2 + 3 + 5 = 10，10 + 20 = 30

(3) 若資料要從下一行的第一個位置印起，有下列二種做法：

(a) 在雙引號內加上 \n：則 \n 後面的資料就從下一行的第一個位置印起

(b) <<endl：則 endl 後面的資料就從下一行的第一個位置印起

例如： cout<< "你好嗎 ? \n";

cout<< "我很好。";

或 cout<< "你好嗎 ? \n 我很好。";

或 cout<< "你好嗎 ?" <<endl;

cout<< "我很好。";

或 cout<< "你好嗎 ?" <<endl << "我很好。";

說明：上面 4 段程式印出來的結果均為：

你好嗎 ?

我很好。

例如： cout<< "你好嗎 ?";

cout<< "我很好。";

說明：因上面的例子沒有加上 \n，所以印出來的結果為：

你好嗎 ? 我很好。

也就是印出來的結果是否跳行，只看有沒有加 \n 或 endl，而不管是寫在同一行或分成二行寫。

(4) 若 cout 函數要印出下列的特殊符號時，其前面要加反斜線，即：

字元	印出內容
\'	印出單引號
\"	印出雙引號
\\	印出反斜線

(5) cin 函數內不能出現雙引號，即不能寫成：

      cin>> "輸入 x" >>x;

要改成

      cout<< "輸入 x" ;

      cin>>x;

(6) C 語言整合開發環境（IDE）已寫好的函數〔稱為庫存函數（Library Function）〕，這些庫存函數內也會用到一些變數，若使用者要使用這些庫存函數時，需要將這些變數的宣告加（include）進來。若程式內有使用到 cin 或 cout 函數時，程式的最上方要加入（將用到的「變數宣告」加進來）：

      #include<iostream.h>

註：(1) 若使用者使用 Dev-c++ 整合開發環境（IDE）來發展程式，則此行要改成

      #include<iostream>（少了 .h）

    (2) C 語言則使用 #include<stdio.h>

(三) getchar() 輸入函數：

getchar() 從標準輸入（即鍵盤）中讀取一字元。其用法為：

      int getchar(void);

例如： cout<< getchar();

      輸入：a <Enter>

      輸出：a

2.4 define、sizeof

(一) #define 的用法：

#define 有很多種用法，本書只介紹最簡單的用法。有時在寫程式時，

(1) 像 π=3.14…，我們希望用 PI 符號（此為常數，非變數）來表示，而非直接使用 3.14，這樣程式閱讀起來會比較清楚；

(2) 像學生人數可能每學期都會改變，我們希望用一個符號（如：STD_NO，此為常數）來表示學生人數，而非直接使用數值（如：50），這樣當學生人數改變時，只要改變 STD_NO 的值，而不需要在程式內的每個數值（即 50）都更改。

此時可用 #define 來做。

    用法：#define 常數名稱 數值

    例如： #define STD_NO 50

說明：(1) 常數名稱的命名方式與變數命名方式同，但習慣使用大寫英文字母；

(2) 它是常數，不可在程式內改變其值；

(3) 程式內出現學生人數，就以 STD_NO 取代 50 這個數值；

(4) 以此例為例，編譯器看到此敘述時，會將程式內所有的 STD_NO 改成 50。

(二) sizeof 的用法：

sizeof 可用來了解某個資料型態或某個變數使用多少個位元組

用法：sizeof(資料型態或變數名稱)

例如：sizeof (int)

說明：它會傳回此資料型態或變數名稱使用多少個位元組

例如：cout<< sizeof (short int);

輸出：2

說明：short int 佔用 2 個位元組的位置

2.5 註解

有時候我們會在程式內加上一些註解，以便讓自己或別人了解程式為何要如此寫，也可以讓別人很容易地閱讀此一程式。註解是給人看的，程式在編譯（Compile）時，看到註解會跳過去不做任何處理。

C 語言的註解是用

/* …… */

表示，即註解在 /* 和 */ 之間，可跨多行。

C++ 是將註解寫在 // 後面，即

//註解 。

它只能在同一行，第 2 行註解前也要再加 //。

例如：　x=1;　　//x 值為 1

y=2;　　//y 值為 2

z=x+y;　/* C 語言的註解 */

a=b+c+d; /* C 語言的註解，

可以跨過多行 */

C++ 的整合開發環境（IDE）可以使用 C 語言的註解，也可以使用 C++ 的註解。

第二章習題

1. 解釋名詞
    (1) 常數　　(2) 變數　　(3) 保留字　　(4) 輸出函數　　(5) 輸入函數
    (6) 函數　　(7) 庫存函數　　(8) 註解

2. 在程式內所使用的數可分為哪二類？

3. 常數在程式內可以有哪四種的表示方式？10110 在它們之間如何做區分？
    經過編譯後，變成幾進位的數值？

4. 下列哪些變數名稱是合法的？哪些變數名稱是不合法的？
    (1) 0ab　　(2) a　　(3) yyy　　(4)xy%
    (5) ab!　　(6) if　　(7) int　　(8) float

5. 變數使用前要先宣告的目的為何？

6. C 語言的每個敘述後面要加哪個符號，用以表示該敘述的結束。

7. C 語言提供哪五種基本資料型態？各佔幾個位元組？存放何種數值（有正負
    號的整數、正號或 0 的整數、浮點數、……）

8. C 語言有三種「修飾指令」：short、long 和 unsigned，目的為何？

9. 若 C 語言資料要從下一行的第一個位置印起，有哪二種做法？

10. C 語言使用到 cin 或 cout 時，程式最前面要加入哪個敘述？

11. C 語言的註解是用甚麼符號表示？C++ 是用甚麼符號表示？

12. 若 x=1，y=2，z=3，寫出下列輸出結果。
    (1) cout<< "x=" << x << "，y 是" << y << "，z 值為" << z;
    (2) cout<< "x+y =" <<x+y<< "\n，y+z=" <<y+z;
    (3) cout<< "x=" <<x<<endl << "，y=\n" <<y<<z;

Chapter 3 直敘述程式

3.1 運算式

　　電腦除了能夠儲存大量的資料外，還可以做快速的運算，而做快速的運算也就是執行程式內的運算式（Expression）。一個運算式是由多個運算元（Operand）和運算子（Operator）所組成。

例如： x = x + 2 + 3 * y ;

　　運算元可以是常數（如上例的 2 , 3）、變數（如上例的 x , y）或函數（以後再介紹）等，而運算子有 + 、 - 、 * 、 / ……。每一個運算式的最後面要加一分號（;），以表示該運算式的結果。

　　C 語言的運算子可分為三類：

一、算術運算子：用來執行加(+)、減(-)、乘(*)、除(/)和求餘數(%)等算數運算。

二、邏輯運算子：用來執行且 (&&)、或 (||)、非 (!) 等邏輯運算。

三、關係運算子：用來比較二個運算式的大小關係，有 >（是否大於）、>=（是否大於等於）、<（是否小於）、<=（是否小於等於）、!=（是否不等）和 ==（是否相等，二個等號）等六種運算（注意：它的意思要多一個「是否」，是疑問句）。

　　算術運算子做完後的結果為一「數值」，而邏輯運算子和關係運算子合稱為條件運算子，其做完後的結果為「成立（或對、是）」或「不成立（或不對、不是）」，當然它們（成立或不成立）存在電腦內還是存 0（不成立）或 1（成立）。

　　除了上述三種運算子外，還有一種運算子為 =（等號），它是「存入」的意思〔註：=（存入）它並非我們國小數學所說的「相等」〕，其用法為：

　　　　變數名稱 = 運算式；

它是將等號右邊的運算式的結果存入等號左邊的變數內，等號左邊「一定要是」一個變數，而等號右邊可以是一常數、變數或運算式。

例如： x = 2;　　// 變數 x 值變成 2

```
x= x+1;  // 它是變數 x 值加 1 後，再存回 x 內
         // 若變數 x 值原本是 2，執行完後 x 變成 3
y=a+2*b; // 變數 x 值變成 a+2*b 的結果
```

不可以寫成：

```
2=x;     //x 存入 2( 錯的 )
x+1=y;   //y 存入 x+1( 錯的 )
```

＝（存入）與 ＝＝（是否相等）不同，

(1) ＝＝ 是判斷其左右二邊結果是否相等，它是關係運算子（疑問句），其結果為「是」或「不是」。

(2) ＝ 是存入，是一個動作。

例如： x＝2 // 將 2 存入變數 x 內，其結果為 x 的值等於 2

x＝＝3 // 變數 x 是否等於 3，若 x=3，執行完後其結果為成立，

// 若 x ≠ 3，執行完後其結果為不成立

3.2 算術運算子與資料型態轉換

(一) 算數運算子

　　C 語言的算數運算子有 +（加）、-（減）、*（乘號）、/（除號）和 %（求餘數）。若一個運算式內同時存在多個運算子時，要先做 *、/ 或 %，再做 +、-。而 *、/、% 則是由左做到右；+、- 也是由左做到右。和國小數學一樣，若有小括號，則小括號內的運算要先做。

例如：
```
x=2+3*4;       // x = 14
y=2-3%2+1;     // y = 2
z=2;           // z=2
z=z+1;         // 此題是 z 值加 1 後，存回 z 內，
               // 因上題 z=2，做完此題後，z 變成 3
x=2*(2+3)-1;   //x=9
```

(二) ++ 和 --

　　由於變數的內容「加 1（或減 1）」的動作經常被使用到，所以 C 語言還提供 2 個運算子，即為 ++ 和 --。

　　++ 的意義是加 1，而 -- 的意義是減 1，其語法為（以 ++ 為例）：

變數 ++ 或 ++ 變數

其意思為：

變數 = 變數 +1

例如：

i=5;

i++; //i 的值變成 6

(或 ++i; //i 的值變成 6)

j=9;

j--; //j 的值變成 8

(或 --j; //j 的值變成 8)

++（或 --）可以放在變數的前面或後面，均表示加 1（或減 1）的意思。但若 ++（或 --）隔著運算元還有其它的運算子時，++（或 --）放在變數的前面或後面，其意義就不一樣了。即有二個運算子，其中一個是 ++（或 --）時，

(1) 若 ++（或 --）放在變數的前面，表示先做 ++（或 --），再做其他的運算子。

(2) 若 ++（或 --）放在變數的後面，表示先做其它的運算子，再做 ++（或 --）。

例如：

x = 5;

y = x++;

變數 x 的左右二邊分別出現＝和 ++ 運算子，因為 ++ 放在 x 的後面，表示 ++ 要後做，先做＝，此程式也可寫成：

x=5;

y=x; // 先做 =，y=5

x++; // 再做 ++，x=6

其結果為 x=6，y=5。

又如：

x=5;

y=++x;

變數 x 的左邊出現 2 個運算子 ++ 和＝，因為 ++ 放在 x 的前面，表示 ++ 要先做，再做＝，此程式也可寫成：

x=5;

++x; // 先做 ++，x=6

y=x; // 再做 =，y=6

其結果為 x=6，y=6（不同於上例的 x=6，y=5）。

又如：

> x=10; //x=10
>
> y=x--; //x=9, y=10
>
> z= --x; //x=8, z=8

由上面三個例子知，若有 2 個運算子（含 ++ 或 --）時，++ 或 -- 放在變數前面的結果和放在變數後面的結果是不相同的。

例如： int x=1, y=5;

> cout<< "x=" <<x++<< "," ; // 先印出 x，x 再加 1
>
> cout<< "y=" <<++y;　　//y 先加 1，再印出 y

結果：其印出的結果為：

> x=1, y=6

(三) +=、－=、*=、/= 和 %=

因為常會用到

> x=x+a; 或 x=x-a;、x=x*a;、x=x/a;、x=x%a;

也可寫成

> x+=a; 或 x-=a;、x*=a;、x/=a;、x%=a;

即把運算子拿到等號（=）的前面，此寫法可以加快程式執行的時間。

例如： x=2;

> y=3;
>
> x+=5; // 同義於 x=x+5，結果為 x=7
>
> y*=8; // 同義於 y=y*8，結果為 y=24

(四) 資料型態轉換（Type cast）

當一個運算式內有多個不同資料型態的變數時，這些不同的資料型態的變數要先轉換成相同的資料型態，才能做運算。資料型態的轉換有二種：

(1) 自動轉換：由編譯器來做轉換；

(a) 當 2 個不同資料型態的變數或常數在做運算時，編譯器會將較小的資料型態轉換成較大的資料型態後再做運算。其中較小到較大的資料型態為：

char<short int<long int<float<double

(b) 當在做＝（存入）的動作時，編譯器會先將＝（存入）右邊的資料型態轉換成＝（存入）左邊的資料型態後再做存入。

例如： int a=2, b;

float c=3.2, d;

b=a*c; //a 先變成 2.0 後，再乘以 c(a*c=6.4)，

 // 再存到 b(=6)

b=c; // c 先變成 2 後，再存到 b(=2)

d=3.0*a; //a 先變成 2.0，再乘以 3.0，再存到 d(=6.0)

(2) 強制轉換：由程式設計師來做轉換。

用法：（資料型態）資料

例如： int a=2, b;

float c=3.2, d;

d=(float)a*c; //a 先變成 float 後，再乘以 c

b=(int)(3.0*a); //3.0*a 先變成 int 後，再存到 b

3.3 幾個直敘述程式範例

「直敘述程式」是程式一行接著一行的執行下來，沒有「判斷條件式是否成立」的敘述，也沒有「重複執行」的敘述。底下介紹幾個直敘述的程式。

範例 1 寫一程式輸入 3 個數值，印出其總和與平均值。

做法：(1) 題目已知是「輸入 3 個數值」，我們就取 3 個變數 x, y, z 來存此 3 數值；

(2) 題目要求印出其「總和、平均」，變數名稱的命名通常會取一些有意義的名字，「總和」就命名為 sum，「平均」就命名為 avg；

(3) 從「已知」到「結果」的中間過程就是要算出其總和（sum）、平均（avg）：

總和： sum=x+y+z

平均： avg=sum/3

(4) 因平均可能會有小數點，這些變數全部宣告為 float 。

程式： #include<iostream.h>

void main(void)

{

float x, y, z, sum, avg; // 變數使用前要先宣告

cin>>x>>y>>z;

```
    sum=x+y+z;

    avg=sum/3;

    cout<< "和 =" <<sum<< "，平均值為" <<avg ;

}
```

說明：(1) 因程式內有輸入（ cin ）和輸出（ cout ）函數，所以要加入

#include<iostream.h>

(2) main() 底下的內容為此程式的主函數，電腦是由 main() 的內容開始執行起，每一個程式一定有以 main() 當名稱的函數。

(3) C 語言的函數，其內容要用大括號括起來，如上例：

void main(void)

{

⋮

}

(4) C 語言的變數，使用前要先宣告，因本程式用到 x, y, z, sum, avg 這五個變數，且它們都是浮點數，所以要宣告成

float x, y, z, sum, avg ;

(5) C 語言的程式的書寫方式為「自由格式」，也就是你可從任何的位置開始寫起、將二個敘述寫在同一行或運算元和運算子間可以插入多個空白字元。

(6) 此程式執行時，若輸入值為 3<Space>6<Space>9<Enter>，就會將 3 存入 x，6 存入 y，9 存入 z，所以其結果為：

sum = x + y + z = 3 + 6 + 9 = 18

avg = sum / 3 = 6

(7) 印出的結果為：

和 =18，平均值為 6

註：(1) 現在市面上，C 語言的編譯器（Compiler）有很多種，它們之間會有少許的差異，如有些編譯器要求 void main（void）要寫成 main()。

(2) 若使用者使用 Dev-c++ 整合開發環境（IDE）來發展程式，則第一行要改成

#include<iostream> // 少一個 .h

using namespace std; // 多加此行

範例 2　輸入攝氏溫度，印出其對應的華氏溫度（公式：$f = \dfrac{9}{5} c + 32$）

做法：(1) 題目已知是「輸入攝氏溫度」，我們就取變數 c 表示攝氏溫度；

(2) 題目要求印出其「華氏溫度」，取變數 f 表示華氏溫度；

(3) 從已知「攝氏溫度」到結果的「華氏溫度」，其中間過程就是

公式：$f = \dfrac{9}{5}c + 32$

程式：
```
#include<iostream.h>
void main(void)
{
    float c, f;
    cin>>c ;
    f= 9*c/5+32 ;
    cout<< "華氏溫度 =" << f;
}
```

說明：(1) 程式執行時，若輸入 20<Enter>（表示 c=20），則

f=9*c/5+32=9*20/5+32=68，

所以印出：

華氏溫度 = 68

(2) (a) 若本題的算術運算式改成

```
f=9/5*c+32;
```

則其結果為錯誤的，因為 C 語言的整數除以整數的結果還是整數，所以 9/5=1，而非 1.8。

(b) 若將它改成下列，其結果就正確了

```
f=9.0/5*c+32 ;
```

因 C 語言在做整數和浮點數運算時，會先將整數轉換成浮點數後再做運算，所以 9.0/5=1.8，而非 1。

範例 3 輸入 a、b 二值，印出 c=a[a+b(a+1)]+1 之結果。

做法：(1) 題目已知是「輸入 a、b 值」，我們就取變數為 a,b；

(2) 題目要求印出 c=a[a+b(a+1)]+1，就直接把 a,b 代入方程式內，求出 c；

(c) 此題 a, b, c 可宣告成 int，也可宣告成 float。

程式：#include<iostream.h>

```
void main(void)
{
    int a, b, c ;
    cin>>a>>b;
    c=a*(a+b*(a+1))+1;
    cout<< "c=" << c ;
}
```

驗算：輸入：2 4

　　　印出：c=29

說明：C 語言的運算式只可以用「小括號」來改變運算的優先順序（不能使用「中括號」或「大括號」），且其「乘號」不可以省略。下面二個敘述均是錯誤的。

(1) c=a(a+b(a+1))+1 ;　　　// 乘號不可以省略

(2) c=a*[a+b*(a+1)]+1 ; // 不可以用中括號

範例 4　若 x, y 均大於 0，輸入 x, y，印出 $z = \dfrac{x^2 - y^2}{x^2 + y^2} + \dfrac{x \cdot y}{y+1}$ 之值

做法：(1) 題目已知是「輸入 x、y 值」，我們就取變數為 x, y；

　　　(2) 題目要求印出 $z = \dfrac{x^2 - y^2}{x^2 + y^2} + \dfrac{x \cdot y}{y+1}$，因是相除，所以將 x, y, z 宣告成 float。

程式：
```
#include<iostream.h>
void main(void)
{
    float x, y, z;
    cin>>x>>y;
    z=(x*x-y*y)/(x*x+y*y)+x*y/(y+1);
    cout<< "z=" << z ;
}
```

驗算：輸入：3 4

　　　印出：z=2.12

說明：(1) 本題在做除法的練習；

　　　(2) 因此題沒寫保護程式，所以不能輸入分母為 0 的值；

(3) 在 $\dfrac{x^2-y^2}{x^2+y^2}$ 的寫法中，

    (A) 因 x^2-y^2 全部在分子，所以要用小括號掛起來，

      即為 (x*x-y*y)；

    (B) 因 x^2+y^2 全部在分母，所以也要用小括號掛起來，

      即為 (x*x+y*y)

    (C)程式的執行是先乘除，後加減，若同時出現乘除，則由左做到右。

      (a) 若 (A) 部分程式沒加小括號而 (B) 有加小括號，即為

        x*x-y*y/(x*x+y*y)，其意思是 $x^2-\dfrac{y^2}{x^2+y^2}$：

      (b) 若 (A) 部分程式有加小括號而 (B) 沒加小括號，即為

        (x*x-y*y)/x*x+y*y，其意思是 $\dfrac{x^2-y^2}{x}\cdot x+y^2$：

      (c) 若 (A) 部分程式沒加小括號且 (B) 也沒加小括號，即為

        x*x-y*y/x*x+y*y，其意思是 $x^2-\dfrac{y^2}{x}\cdot x+y^2$：

      (d) 必須 (A) 和 (B) 二部分程式都有加小括號，才是本題的結果。

(4) 在 $\dfrac{x\cdot y}{y+1}$ 的寫法中，

    (A) 因 $y+1$ 全部在分母，所以程式部分要用小括號括起來，即為 (y+1)，若沒加小括號，即為 x*y/y+1，其意思為 $\dfrac{x\cdot y}{y}+1$ 或 $x\cdot\dfrac{y}{y}+1$：

    (B) 因 $x\cdot y$ 全部在分子且是相乘，其程式部分可用小括號括起來也可不括起來，即 x*y/(y+1) 或 (x*y)/(y+1) 均可。

範例 5 輸入 a, b，印出 $y=\dfrac{a+\sqrt{a^2+2a+3}}{b^2+1}$ 之值

做法：(1) 本題要練習 C 語言的開平方根的寫法

    (2) 數學函數 $\sqrt{x}$，C 語言的寫法為 sqrt(x)，

      用法：double sqrt(double x)

      也就是輸入 double 的 x，會傳回 double 的 x 的開平方根值

    (c) C 語言使用數學函數時，程式的開頭要加上

      #include<math.h>

程式：#include<iostream.h>

    #include<math.h>

```
void main(void)
{
    double a, b, y ;
    cin>>a>>b ;
    y=(a+sqrt(a*a+2*a+3))/(b*b+1);
    cout<< "y=" << y ;
}
```

驗算：輸入：1 2

印出：y=0.689898

說明：(1) 上述的 (a+sqrt(a*a+2*a+3))/(b*b+1); 中，因全部的分子要除以全部的分母，所以分子和分母均要用小括號括起來。若寫成

y=a+sqrt(a*a+2*a+3)/(b*b+1);

其意義為 $y = a + \dfrac{\sqrt{a^2+2a+3}}{b^2+1}$，因除法要先做，做完後再做加法。

若寫成 y=(a+sqrt(a*a+2*a+3))/b*b+1;

則為 $y = \dfrac{a+\sqrt{a^2+2a+3}}{b} \cdot b+1$，因分母沒有用小括號括起來，

所以只有一個 b 在分母上。

(2) 其它常用的數學函數還有：

(a) 整數值的絕對值 $|x|$，C 語言的寫法為 abs(x)：

用法：int abs(int x)

也就是輸入 int 的 x，會傳回 int 的 x 的絕對值

例如：abs(-5)，會傳回 5

(b) 浮點數的絕對值 $|a|$，C 語言的寫法為 fabs(a)：

用法：double fabs(double x)

也就是輸入 double 的 x，會傳回 double 的 x 的絕對值

例如：fabs(-2.5)，會傳回 2.5

(c) x 的 y 次方 x^y，C 語言的寫法為 pow(x, y)，

用法：double pow(double x, double y)

也就是輸入 double 的 x, y 值，會傳回 double 的 x^y 值

所以開平方根 $\sqrt{x}$，也可以寫成 pow(x, 0.5)

例如：pow(2.0, 4.0)，會傳回 16.0

(d) C 語言使用上述的數學函數時，程式的開頭要加上

#include<math.h>

範例 6 輸入 a, b 二數，將二數對調後印出

做法：要將二數對調，須借用第 3 個變數，來儲存其中一個值，再將儲存下來的
　　　變數換成新值

程式：
```
#include<iostream.h>
void main(void)
{
    int a, b, temp ;
    cin>>a>>b ; // 若輸入 1, 2，則 a=1, b=2
    temp= a;     //temp=1
    a= b;        //a=2
    b= temp;     //b=1
    cout<< "a=" <<a<< "，b=" <<b; //a=2, b=1，換過來了
}
```

驗算：輸入：2 3
　　　印出：a=3，b=2

說明：上述先把 a 存到 temp 內，再將 a 值換成 b 值，順序不能反過來。

範例 7 輸入 a, b，印出 $\int_a^b (x^2 + 2x + 3)dx$ 的積分值

做法：要用電腦算出定積分值的方法有二：

(1) 先用「手算」出積分結果，再用程式將上、下限帶入積分結果，再相
　　 減，此方法為精準解；

(2) 用「數值分析法」算出近似解。

本題用 (1) 法解，其中

$$\int_a^b (x^2 + 2x + 3)dx = \left(\frac{x^3}{3} + x^2 + 3x \right)_a^b$$

程式：
```
#include<iostream.h>
void main(void)
{
```

```
  float a, b, y1, y2;

  cin>>a>>b ;

  y2=b*b*b/3+b*b+3*b;

  y1=a*a*a/3+a*a+3*a;

  cout<< "積分結果為" <<y2-y1;

  }
```

驗算：輸入：1 2

印出：積分結果為 8.33333

說明：(1) 因程式有相除，所以變數宣告為 |float|；

(2) 本題也可以不用先存入 y2, y1 內，直接印出相減的結果，即

cout<< "積分結果為" << b*b*b/3+b*b+3*b−(a*a*a/3+a*a+3*a);

第三章習題

1. 解釋名詞

(1) 運算式 　　(2) 算術運算子 　　(3) 邏輯運算子 　　(4) 關係運算子

(5) 條件運算子 　　(6) ++ 　　(7) -- 　　(8) 直敘述程式

2. C 語言的運算子可分為三類？

3. C 語言的算術運算子有哪 5 種？它們執行的優先順序為何？

4. C 語言的邏輯運算子有哪 3 種？它們執行的優先順序為何？

5. C 語言的關係運算子有哪 6 種？它們執行的優先順序為何？

6. 算術運算子做完後的結果為何？而邏輯運算子和關係運算子的結果又為何？

7. 有一種運算子為＝（等號），它是甚麼意思？其左邊一定要是甚麼運算元？

8. 程式內有輸入（cin）和輸出（cout）函數，程式最前面要加入哪個敘述？

9. 電腦是由哪一個函數名稱開始執行起？

10. C 語言的程式的書寫方式為「自由格式」，何謂自由格式？

11. C 語言執行的結果為何？(1)3/2，(2)5/3，(1)3.0/2.0，(2)5.0/3

12. 數學函數 (1) $\sqrt{x}$，(2) 整數值的絕對值 $|x|$，(3) 浮點數的絕對值 $|a|$，(4)x 的 y 次方 x^y，C 語言的寫法為何？使用這些數學函數程式最前面要加入哪個敘述？

13. a=2，b=3，x=1，y=2，z=3，寫出下列程式執行後的結果

(1) 　　float x, y, z, a, b;

　　　　a=2*x+3*y+4*z;

　　　　b=x+y+z/b+a;

    cout<< "a=" <<a<< "，b=" <<b;

(2)　int a, b, x;

　　x=2*a*b/5+a/b ;

　　cout<< "x=" << x;

(3)　int a, b, x;

　　x=a*(2*a-3*b*(a+1))+a;

　　cout<< "x=" << x ;

(4)　float a, b, x, y;

　　a=(x*x-y*y)/(x*x+y*y)+x*y/(y+1);

　　b=x*x-y*y/x*x+y*y+x*y/y+1;

　　cout<< "a=" << a<< "，b=" <<b;

(5)　float a, b, x, y ;

　　x=a+sqrt(a*a+2*a+3)/(b*b+1);

　　y=a+fabs(a*a-2*a-3)/b*b+1;

　　cout<< "x=" <<x<< "，y=" << y;

(6)　int a, b, temp ;

　　temp=a;

　　b=a;

　　a=temp;

　　cout<< "a=" <<a<< "，b=" <<b;

14. 寫程式

(1) 輸入 5 個數，印出其總和和平均。

　　驗算：若輸入 1, 2, 3, 4, 5，其總和 =15，平均 =3。

(2) 輸入 3 門課的學分數和成績，印出其加權平均。

　　〔註：加權平均 =[3 門課的（學分數 * 成績）之和] 除以總學分〕

　　驗算：若輸入 2, 74, 3, 75, 4, 80，加權平均 =77

(3) 輸入草地的長與寬（單位為公尺），若割草機每分鐘可割 $10m^2$，求幾時幾分可割完（只算到分）

　　驗算：若輸入 100, 200，印出 33 時 20 分

(4) 輸入圓的半徑，印出此圓的 (a)直徑，(b)周長，(c)面積（圓周率為 3.1416）

　　驗算：若輸入 3，印出 6, 18.8496, 28.2744

(5) 輸入球的體積，印出此球的 (a) 半徑，(b) 直徑，(b) 表面積

　　（註：球的體積 $\frac{4}{3}\pi r^3$，表面積 $4\pi r^2$）

　　　　驗算：若輸入 10，印出 1.336, 2.672, 22.445

(6) 輸入一個數，求其倒數和平方數

　　　　驗算：若輸入 2，印出 0.5，4

(7) 輸入 x, y，印出下列結果（在同一程式內）

　　(a) $x \cdot \dfrac{x+y}{x^2+y^2}$，(b) $\dfrac{x^2-y^2}{x^2+y^2}$，(c) $\dfrac{x+y}{x^2+y^2} \cdot y$，(d) $\dfrac{x+y}{x^2} \cdot y^2$，(e) $\dfrac{(x-1)(y-1)}{(x+1)(y+1)}$

　　(f) $\dfrac{x+y^2}{\sqrt{x^2+y^2}}$

　　　　驗算：若輸入 3, 4，印出 (a)0.84，(b)-0.28，(c)1.12，(d)12.444，(e)0.3，
　　　　　　　(f)3.8

(8) 輸入 a, b，印出 $\displaystyle\int_a^b (x^2 - 2x - 2)dx$ 的積分值

　　　　驗算：若輸入 1, 4，印出 0

(9) 輸入三角形的三邊 a, b, c（假設輸入的三邊可構成一三角形），印出其面
　　積。

　　[註：面積 $= \sqrt{s(s-a)(s-b)(s-c)}$，其中 $s = (a+b+c)/2$]

　　　　驗算：若輸入 3, 4, 5，印出 6

Chapter 4 選擇性敘述

我們在日常生活中，也常常看見需要做選擇的例子，如：

　　若（星期天下雨）則我們就不去郊遊

其中的「星期天下雨」為一條件式，其結果可能為：

(1) 成立（下雨），我們就不去郊遊；

(2) 不成立（不下雨）

此二種情況，要到星期天才知道條件成立或不成立。

又如：

　　若（元旦下雨或天氣很冷）則我們就去看電影

　　否則我們去爬山

此式的條件有二個，分別是「元旦下雨」和「元旦天氣很冷」，它們是用「或」連接起來，表示只要有一個條件成立，我們就去看電影；若二個條件式均不成立，我們就去爬山，且要到元旦才知道條件成立或不成立。

4.1 條件運算式

C 語言也是一樣，它有二種條件運算子，分別是：關係運算子和邏輯運算子。

(一) 關係運算子

它是用來比較二個數之間的大小關係，有 >（是否大於）、>= 、< 、<= 、==（是否相等）和 !=（是否不相等）等六個，其執行完後的結果為成立（或對、真、是）或不成立（或不對、假、不是）。

　　例如：5 > 3（結果為成立）

　　　　　4 == 3（結果為不成立）

　　　　　6 <= 2（結果為不成立）

(二) 邏輯運算子

C 語言的邏輯運算子有 3 個，分別為：&&（且）、||（或，在鍵盤 \ 鍵的上

方）、!（非）等。其真值表為：

A	B	A && B	A ǁ B	!A
F	F	F	F	T
F	T	F	T	T
T	F	F	T	F
T	T	T	T	F

　　註：T 表示成立（或對、是、真），F 表示不成立（不對、不是、假）。

也就是 (1) &&（且）要二個同時為真，其結果才為真；只要有一個為假，其結果就為假。

　　(2) ǁ（或）要二個同時為假，其結果才為假；只要有一個為真，其結果就為真。

　　(3)「真」的非 (!) 為「假」，「假」的非 (!) 為「真」。

例如： (1) 5>3 && 2>=1

　　　　〔5>3（成立）且 2>=1（成立），所以結果為對〕

　　　　(2) 5= =3 ǁ 2>3

　　　　〔5= =3（不成立）或 2>3（不成立），所以結果為不對〕

三、運算子的優先順序

　　若一個運算式同時存在有：小括號、負號(-)、邏輯運算子的非（!）、++（加1）、--（減1）、算術運算子、關係運算子、邏輯運算子和＝（存入）時，則其執行的優先順序為：

(1) 小括號；

(2) 負號（-）、邏輯運算子的非（!）、++（加1）、--（減1）；

(3) 算術運算子

(4) 關係運算子

(5) 邏輯運算子〔不含非（!）〕

(6) ＝（存入）

而

(1) 有多個算術運算子時，則先做 *、/、%，後做 +、-：

(2) 有多個關係運算子時，則由左做到右；

(3) 有多個邏輯運算子時，先做 &&，最後才做 ǁ。

即：

優先順序	運算子
1（最高）	( )
2	++、--、-（負號）、!（非）（單運算子）
3	*、/、%
4	+、-
5	>、>=、<、<=、==、!=
6	&&（且）
7	||（或）
8（最低）	=（存入）

下圖中，執行的順序是先做①，再做②，…，最後做⑫)

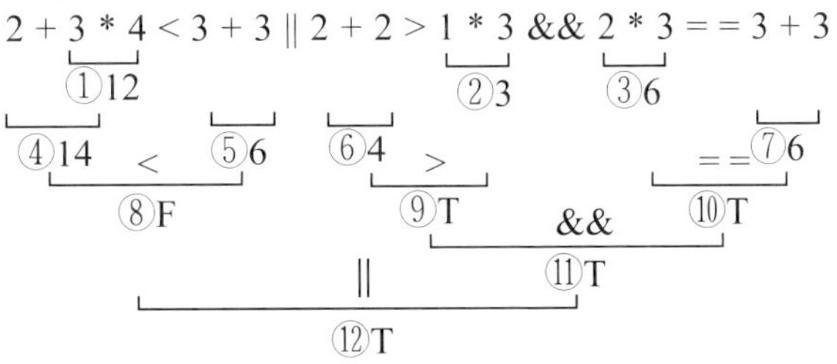

$$2 + 3 * 4 < 3 + 3 \parallel 2 + 2 > 1 * 3 \ \&\& \ 2 * 3 == 3 + 3$$

其結果為「成立」。

4.2 if 敘述

選擇性敘述就如同前一節的例子，「若（星期天下雨）則我們就不去郊遊…」，也就是若條件成立，就做某一件事；若條件不成立，就做另一件事，程式要執行到該條件式時，才會知道該條件式是否成立。在 C 語言中，經常被使用到的選擇性敘述為 if 敘述和 switch 敘述，本節將先介紹 if 敘述的語法。

if 敘述有下列四種不同的句型：

句型一、if 敘述

■ if 敘述的語法為（流程圖如下圖所示）：

　　if（條件式）動作；

說明：(1) 若條件式成立，則做其後的「動作」；若條件式不成立，則其後面的「動作」就不執行，且要執行到此敘述，才知道條件是否成立。

　　　(2) 若「動作」超過一個敘述，則這些敘述要用大括號括起來，即：

```
if（條件式）
{
    動作 1；
    動作 2；
}
```

若動作只有一個敘述，則可加也可以不加大括號。

(3) 條件式後面的右小括號後面不可以加上「分號；」，因為該敘述尚未在此結束，即

```
if（條件式）；動作；
```

是錯的，因此種寫法表示它們二個是不相干的敘述，即「if（條件式）；」和「動作；」是二敘述，而「if（條件式）；」表示若條件式成立，其後面沒動作可做。

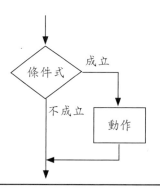

範例 1
```
cin>>a;
if(a>5)a=a+5;
cout>>a;
```

說明：輸入 a，若

(1) a 的值大於 5（條件成立），則將 a 的值加 5 再存回 a，再印出 a；

(2) a 的值小於等於 5（條件不成立），則直接印出 a。

此例的「動作」只有一個敘述（即 a=a+5;），所以可以不用加大括號。若要加大括號，則為

```
if(a>5){a=a+5;}
```

(3) 若改成

```
if(a>5)；a=a+5;
```

則 if(a>5)；為無意義的敘述，不管 a 值為何，都會做 a=a+5;

範例 **2**
```
x=5;
y=10;
cin>>i;
if(i= =0)
{
    x=x+10 ;
    y=y+10 ;
}
cout<<x<<y ;
```

說明：(1) 因 if 的動作有 2 個敘述，所以要加大括號。

(2) (a) 若輸入 i 的值等於 0，則 x 的值加 10，y 的值加 10，
最後再印出 x、y 之值，即印出 15 和 20；

(b) 當 i 值不為 0，則印出 5 和 10。

(3) 若 if 的動作沒有加大括號，即

```
if(i= =0)
    x=x+10 ;
    y=y+10 ;
cout<<x<<y ;
```

則 (a) i=0 時，x=x+10 ;y=y+10; cout<<x<<y; 三個敘述都會做；

(b) i ≠ 0 時，只做 y=y+10; cout<<x<<y; 這二個敘述。

(c) C 語言程式的撰寫是自由格式，其敘述可以從任何位置開始
寫起、可以一行寫 2 個敘述，也可以一個敘述分 2 行寫。
此例可寫成：

```
if(i= =0){x=x+10;y=y+10;}
cout<<x<<y ;
```

範例 **3**　輸入一個數，印出其絕對值。

做法：輸入一個數，若此數值小於 0，就加個負號印出。

程式：
```
#include<iostream.h>
void main(void)
{
    int a ;
```

```
            cin>>a;
            if(a<0)a= -a;
            cout<< "絕對值 =" <<a;
        }
```

驗算：(1) 輸入：-5<Enter>；印出：絕對值 =5

   (2) 輸入：5<Enter>；印出：絕對值 =5

範例 4 輸入 a、b 二個數，若 a、b 均小於 0，則將 a、b 的值設成 0，最後將 a、b 之值印出。

做法：a、b 均小於 0，表示 a<0 且 b<0，即 a<0 && b<0，此時要將 a, b 值設為 0。

程式：
```cpp
#include<iostream.h>
void main(void)
{
    int a, b ;
    cin >>a>>b ;
    if(a<0 && b<0)
    {
        a=0;
        b=0;
    }
    cout<< "a =" <<a<< " , b =" <<b;
}
```

驗算：(1) 輸入：-1 -2<Enter>；印出：a = 0，b = 0

   (2) 輸入：1 -2<Enter>；印出：a = 1，b = -2

   (3) 輸入：1 2<Enter>；印出：a = 1，b = 2

範例 5 買書若買 50 本（含）以下，則不打折，買 51 本（含）以上，則打 8 折，輸入書本的訂價和數量，印出購書金額

做法：(1) 題目要求輸入書本的訂價（price）和數量（num）

   (2) 要印出購書金額（amount）

   (3) 購書金額計算方式為：

     金額＝訂價 * 數量

       若數量 >50，則金額 =0.8* 訂價 * 數量

程式：#include<iostream.h>

　　　void main(void)

　　　{

　　　　int price, num, amount;

　　　　cout<< "輸入訂價和數量 \n" ;

　　　　cin>>price>>num ;

　　　　amount=price*num; // 沒打折的金額

　　　　if(num>50)amount=0.8*amount; // 打八折

　　　　cout<< "金額為" <<amount ;

　　　}

驗算：(1) 輸入：100 40<Enter>；印出：金額為 4000

　　　(2) 輸入：100 60<Enter>；印出：金額為 4800

範例 6 　輸入 a, b, c 三數，若 $a \geq b \geq c$，則將 a, c 對調，印出 a, b, c

做法：$a \geq b \geq c$ 的條件式不可寫成（a>=b>=c），要寫成（a>=b&&b>=c），也就是二個關係運算式中間要用「且」或者「或」隔開，不能連在一起，如（a>=b>=c）。

程式：#include<iostream.h>

　　　void main(void)

　　　{

　　　　int a, b, c, temp ;

　　　　cin>>a>>b>>c;

　　　　if(a>=b && b>=c)

　　　　{

　　　　　temp=a; //a, c 對調

　　　　　a=c;

　　　　　c=temp;

　　　　}

　　　　cout<< "a=" <<a<< ", b=" <<b<< ", c=" <<c;

　　　}

驗算：(1) 輸入：1 2 3<Enter>；印出：a=1, b=2, c=3

　　　(1) 輸入：3 2 1<Enter>；印出：a=1, b=2, c=3

說明：二數互換，要藉由第三個變數（temp）來做。

句型二、if - else 敍述（二選一的敍述）

■ if - else 敍述的語法為（流程圖如下圖所示）：
　　if（條件式）
　　　　動作 1;
　　else
　　　　動作 2;
說明：(1) 它是一個「二選一」的敍述，即若條件式成立，則做動作 1；否則做動作 2。此二動作一定會做一個，且也只做一個。
　　　(2) 若動作 1（或動作 2）超過一個敍述，則這些敍述要用大括號括起來；若動作 1（或動作 2）只有一個敍述，則此敍述可以加也可以不加大括號。

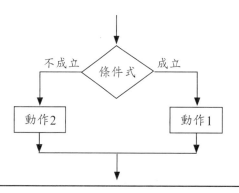

範例 7 輸入 a、b 二數，印出其最大值和最小值。

做法：輸入 a、b 二數後，比較此二數的大小，較大的為最大值，較小的為最小值。

程式：
```
#include<iostream.h>
void main(void)
{
    int a, b ;
    cin>>a>>b ;
    if(a>b)
      cout<< "最大值 =" <<a<< ", 最小值 =" <<b ;
    else
      cout<< "最大值 =" <<b<< ", 最小值 =" << a;
}
```

驗算：(1) 輸入：1 2<Enter>；印出：最大值 =2, 最小值 =1

     (2) 輸入：2 1<Enter>；印出：最大值 =2, 最小值 =1

說明：若 if 或 else 後面的敘述超過一行時，則要用大括號括起來

範例 8　輸入 a、b 二數，若 a>b，則 x=a+b，y=a-b；若 a<=b，則 x=a-b，y=a+b，印出 x、
y 之值。

程式：
```cpp
#include<iostream.h>
void main(void)
{
    int x, y, a, b;
    cin>>a>>b;
    if(a>b)
    {
        x=a+b;
        y=a-b;
    }
    else  // a > b 不成立，就是 a ≤ b
    {
        x=a-b;
        y=a+b;
    }
    cout<< "x=" <<x<< ", y =" <<y ;
}
```

驗算：(1) 輸入：2 1<Enter>；印出：x=3, y=1

    (2) 輸入：2 2<Enter>；印出：x=0, y=4

    (3) 輸入：1 2<Enter>；印出：x=-1, y=3

範例 9　買書若買 50 本（含）以下，打 9 折，買 51 本（含）以上，打 8 折，輸入書本
的訂價和數量，印出購書金額

做法：(1) 題目要求輸入書本的訂價（price）和數量（num）

    (2) 要印出購書金額（amount）

    (3) 購書金額計算方式為：

若數量 <=50，則金額 =0.9* 訂價 * 數量

否則金額 =0.8* 訂價 * 數量

（這是因為「數量 <=50」不成立，表示「數量 >50」）

程式：
```cpp
#include<iostream.h>
void main(void)
{
    int price, num, amount;
    cout<<"輸入訂價和數量 \n";
    cin >> price >> num ;
    if(num<=50)
        amount=0.9*price*num;
    else
        amount=0.8*price*num;
    cout<<"金額為" <<amount ;
}
```

驗算：(1) 輸入：100 40<Enter>；印出：金額為 3600

(2) 輸入：100 60<Enter>；印出：金額為 4800

範例 10 輸入 a、b、c 三個數，請問它們是否能構成一三角形的三邊。

做法：構成一三角形三邊的條件是二邊之和大於的三邊，且三個邊都要滿足此條件，即：a+b>c 且 b+c>a 且 c+a>b

程式：
```cpp
#include<iostream.h>
void main(void)
{
    int a, b, c ;
    cin>>a>>b>>c;
    if(a+b>c && b+c>a && c+a>b)
        cout<<"此三邊構成一三角形";
    else
        cout<<"此三邊無法構成一三角形";
}
```

驗算：(1) 輸入：1 2 3<Enter>；印出：此三邊無法構成一三角形

(2) 輸入：2 2 3<Enter>；印出：此三邊構成一三角形

範例 **11**　輸入 a、b、c 三個數，如果它們至少有一個數為 0，則印出"有 0 的值"；若全不是 0，則印出"沒有 0 的值"。

做法：底下 2 種寫法均可以

　　(1) 至少有一個數為 0 的條件式寫法為：

　　　a= =0 || b= =0 || c= =0

　　(2) 全部都不是 0 的條件式寫法為：（為 (1) 的否定句）

　　　a!=0 && b!=0 && c!=0

程式：
```
#include<iostream.h>
void main(void)
{
    int a, b, c ;
    cin>>a>>b>>c;
    if(a= =0||b= =0||c= =0) // 至少有一個數為 0
       cout<<"有 0 的值";
    else
       cout<<"沒有 0 的值";
}
```

另解：
```
#include<iostream.h>
void main(void)
{
    int a, b, c;
    cin>>a>>b>>c;
    if(a!=0 && b!=0 && c!=0) // 全部的數均不為 0
      cout<<"沒有 0 的值";
    else
      cout<<"有 0 的值";
}
```

驗算：(1) 輸入：1 2 3<Enter>；印出：沒有 0 的值

　　　(2) 輸入：0 1 2<Enter>；印出：有 0 的值

　　　(3) 輸入：0 0 0<Enter>；印出：有 0 的值

句型三、if–else if–else 敘述（多選一的敘述）

■ if–else if–else 敘述的語法為（流程圖如下圖所示）：

　　if（條件式 1）

　　　動作 1；

　　else if（條件式 2）

　　　動作 2；

　　else if（條件式 3）

　　　動作 3；

　　else

　　　動作 4；

說明：(1) 它是一個「多選一」的敘述，即

　　　　　(a) 若條件式 1 成立，則做動作 1，做完後就跳離 if 敘述；

　　　　　(b) 否則若條件式 2 成立，則做動作 2，做完後就跳離 if 敘述；

　　　　　(c) 否則若條件式 3 成立，則做動作 3，做完後就跳離 if 敘述；

　　　　　(d) 若之前的條件均不成立，則做 else 後面的動作，此例即做動作 4；

　　　(2) else if 的個數要依題目需要來做增減；

　　　(3) 最後一個 else 可以省略，表示若上述的條件均不成立時，則就不執行任何動作。

　　　(4) 動作內若超過一個敘述，則要加上大括號；若只有一個敘述，則可加也可不加上大括號。

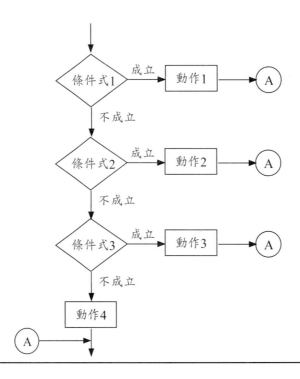

範例 12 輸入 x，印出 y

    (a) 若 $x \leq -5$，則 y=x+4

    (b) 若 -5<x<0，則 y=3x+2

    (c) 若 x=0，則 y=5

    (d) 若 $0<x \leq 5$，則 y= x

    (e) 若 x>5，則 $y = 2x^2 +3$

做法：數線上，從 $-\infty$ 到 $+\infty$ 的值均要出現在條件式內

程式：
```cpp
#include<iostream.h>
void main(void)
{
    int x, y;
    cin>>x;
    if(x<= -5)cout<<x+4;
    else if(x> -5 && x<0)cout<<3*x+2;
    else if(x= =0)cout<<5;
    else if(x>0 && x<=5)cout<<x ;
    else cout<<2*x*x+3; // x > 5 的情況
}
```

驗算：(1) 輸入：-5<Enter>；印出：-1

       (1) 輸入：-2<Enter>；印出：-4

       (1) 輸入：0<Enter>；印出：5

       (1) 輸入：2<Enter>；印出：2

       (1) 輸入：6<Enter>；印出：75

說明：(1) 上述的條件式不可以寫成 if(0<x<=5) 或 if(x $\leq$ 5)，要分別寫成

      if(0<x && x<=5) 或 if(x<=5)。

    (2) 若程式最後一行改成：

         cout<< "2*x*x+3" ；

      有加雙引號，表示要印出字串 2*x*x+3，而非印出其值。

    (3) 程式的最後一行也可寫成

      else if(x>5)cout<<2*x*x+3;

      因為若其前面的條件都不成立，則一定是 x>5。

範例 13 輸入一個字元,

  (a) 若其為字元 'A' 或 'a',則印出 "Apple";

  (b) 若為字元 'B' 或 'b',則印出 "Ball";

  (c) 若為字元 'C' 或 'c',則印出 "Cat";

  (d) 否則印出 "Dog"。

做法:(1) 因為要輸入的是字元,所以使用的變數要宣告成 char;

   (2) C 語言表示一個字元時,可以用該字元的 ASCII 碼表示,也可以在該字元上加一單引號,字元 A 可寫成 'A',也可以寫成 65(A 的 ASCII 碼為 65)。

   (3) C 語言在表示一個字元時,是用單引號括起來,例如:'A' 或 '1',它們分別表示 65 或 31(其 ASCII 碼),而 C 語言在表示一字串(一串字元)時,要用雙引號括起來,例如:"ABC"。

程式:
```cpp
#include<iostream.h>
void main(void)
{
    char ch ;
    cin>>ch ;
    if(ch= = 'A' || ch= = 'a')
      cout<< "Apple" ;
    else if(ch= = 'B' || ch= = 'b')
      cout<< "Ball" ;
    else if(ch= = 'C' || ch= = 'c')
      cout<< "Cat" ;
    else
      cout<< "Dog" ;
}
```

   驗算:(1) 輸入:a<Enter>;印出:Apple

     (2) 輸入:A<Enter>;印出:Apple

     (3) 輸入:b<Enter>;印出:Ball

     (4) 輸入:B<Enter>;印出:Ball

     (5) 輸入:c<Enter>;印出:Cat

     (6) 輸入:C<Enter>;印出:Cat

     (7) 輸入:d<Enter>;印出:Dog

範例 14 輸入一字元，

 (a) 若為大寫英文字母，則將它改成小寫英文字母印出；

 (b) 若為小寫英文字母，則將它改成大寫英文字母印出；

 (c) 若為 0 到 9 數字，則將它改成對應位置的小寫英文字母印出，即 0 印出 a、1 印出 b 等；

 (d) 其他字元則直接印出所輸入的字元

做法：(1) 如第一章所述，大寫英文字母、小寫英文字母、0 到 9 數字三者其字元的 ASCII 碼是連續的，而大寫 A 的 ASCII 碼是 65（也可以寫成'A'），小寫 a 的 ASCII 碼是 97（也可以寫成'a'），數字 0 的 ASCII 碼是 48（也可以寫成'0'）。

 (2) 例如：要把大寫的 B 變成小寫的 b，其作法是：

    'B' - 'A' + 'a'

   其中：(a) 'B' - 'A' 是 'B' 離 'A' 的距離（=1）

      (b) 再加上 'a' 是 'a' 後第 1 個字元（即 'b'）

 其他的字元同理可得。

程式：
```
#include<iostream.h>
void main(void)
{
    char ch ;
    cin >> ch ;
    if(ch>='A' && ch<='Z') // 表大寫英文字母
        cout<<ch-'A' + 'a' ;
    else if(ch>='a' && ch<='z') // 表小寫英文字母
        cout<<ch-'a' + 'A' ;
    else if(ch>='0' && ch<='9') // 表數字
        cout<<ch-'0' + 'a' ;
    else
        cout<<ch;
}
```

驗算：(1) 輸入：B<Enter>；印出：b

 (2) 輸入：c<Enter>；印出：C

 (3) 輸入：*<Enter>；印出：*

 (4) 輸入：1<Enter>；印出：b

說明：(1) 此題的 'A'、'Z'、'a'、'z'、'0' 和 '9' 也可以直接用
數值 65、90、97、122、48 和 58 取代，即

```
if(ch>=65 && ch<=90) // 表大寫英文字母
    cout<<ch-65+97;
else if(ch>=97 && ch<=122) // 表小寫英文字母
    cout<<ch-97+65;
else if(ch>=48 && ch<=58) // 表數字
    cout<<ch-48+97;
else
    cout<<ch;
```

範例 15 輸入 a+b, a-b, a*b, a/b，印出其結果（例如：輸入 5+2，印出 7）

做法：因要輸入 a+b，其中

(1) a, b 為 float；

(2) + 為字元，我們將其變數名稱取成 ch，宣告為 char。

所以輸入敘述為

cin>>a>>ch>>b;

程式：
```
#include<iostream.h>
void main(void)
{
    float a, b;
    char ch ;
    cin>>a>>ch>>b ;
    if(ch= = '+' )cout<<a+b;
    else if(ch= = '-' )cout<<a-b;
    else if(ch= = '*' )cout<<a*b;
    else if(ch= = '/' )cout<<a/b;
}
```

驗算：(1) 輸入：2+3<Enter>；印出：5

(2) 輸入：2-3<Enter>；印出：-1

(3) 輸入：2*3<Enter>；印出：6

(4) 輸入：2/3<Enter>；印出：0.666…

說明：此題若輸入 5%2，則會直接跳離此程式，不會印出任何東西，因
ch='%' 時，所有的條件式都不成立。

句型四、巢狀 if 敘述

■巢狀 if 敘述的語法為（流程圖如下圖所示）：
    if（條件式 1）
        if（條件式 2）
            動作 1；
        else
            動作 2；
    else
        if（條件式 3）
            動作 3；
        else
            動作 4；

說明：(1) 它是巢狀 if 敘述，也就是 if（或 else）內還有其它的 if（或 if-else）敘述。

　　　(2) 此用法是

　　　　　(a) 若「條件式 1」成立時，就再判斷「條件式 2」

　　　　　　　若「條件式 2」成立，就做「動作 1」

　　　　　　　否則就做「動作 2」

　　　　　　做完後就跳離巢狀 if 敘述；

　　　　　(b) 若「條件式 1」不成立，就判斷「條件式 3」

　　　　　　　若「條件式 3」成立，則做「動作 3」

　　　　　　　否則做「動作 4」。

　　　(3) 上面所介紹的前三種 if 句型的全部敘述，其均視為一個敘述，所以巢狀 if 內的敘述若是上述三種 if 的用法之一時，可以不用加上大括號（它們視為一個敘述），但若含有其它的敘述時，該動作就要加上大括號。同理，巢狀 if 內的全部敘述也視為一個敘述。

例如：if(x>0) // 底下 if-else if 視為一個敘述，可不加大括號

　　　　　if(y>0)cout<< "x>0, y>0"；

　　　　　else if(y= =0)cout<< "x>0, y=0"；

　　　　　else cout<< "x>0, y<0"；

　　　else

　　　　cout<< "x<0"；

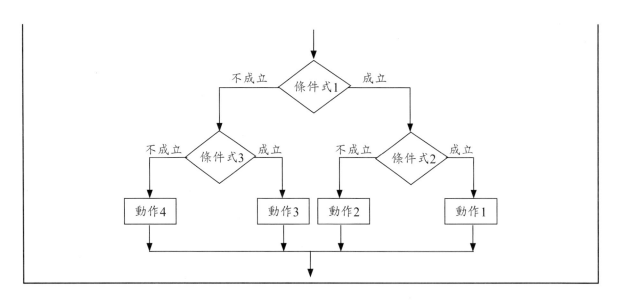

範例 16 輸入 a, b, c 三個數值，印出其最大值。

做法：先比較 a, b，大的再跟 c 比。

程式：#include<iostream.h>

    void main(void)

    {

      int a, b, c, max;

      cin>>a>>b>>c;

      if(a>b) // 若成立，表示 a>b

        if(a>c)max=a;

        else max=c;

      else // 表示 a ≦ b

        if(b>c)max=b;

        else max=c;

      cout<< "最大值 =" <<max;

    }

    此題的巢狀 if 敘述，

    (1) 也可以加大括號，即

        if(a>b) //a 比 b 大

        {

          if(a>c)max=a; //a 比 c 大

          else max=c;   //c 比 a 大

        }

```
else //b 比 a 大
{
    if(b>c)max=b; //b 比 c 大
    else max=c;  //c 比 b 大
}
```

(2) 此題可以用句型三的 if–else if 敘述改寫，即：

if(a>=b && a>=c)max=a; //a 大於等於 b 且 a 大於等於 c

else if(b>=a && b>=c)max=b; //b 大於等於 a 且 b 大於等於 c

else max=c; // 不是 a 最大，也不是 b 最大，就是 c 最大

(3) 此題也可以改用句型一的 if 敘述改寫，即：

if(a>=b && a>=c)max=a;

if(b>=a && b>=c)max=b;

if(c>=a && c>=b)max=c;

　　註：此種寫法的缺點是，即使前面的 if 條件式已成立，找到 max 了，
　　　　後面的 if 還是會繼續判斷其是否成立

驗算：(1) 輸入：1 2 3<Enter>；印出：最大值 =3

　　　 (2) 輸入：1 3 2<Enter>；印出：最大值 =3

　　　 (3) 輸入：2 1 3<Enter>；印出：最大值 =3

　　　 (4) 輸入：2 3 1<Enter>；印出：最大值 =3

　　　 (5) 輸入：3 1 2<Enter>；印出：最大值 =3

　　　 (6) 輸入：3 2 1<Enter>；印出：最大值 =3

範例 17 輸入民國幾年，印出是平年還是閏年

做法：(1) 西元年＝民國年 +1911

　　　(2) 西元 2000、2004 年為閏年；西元 1900、2002 為平年（西元年如果是
　　　　　100 的倍數，它也要是 400 的倍數，才是閏年）

　　　(3) 用巢狀 if 敘述來做

　　　　若西元年是 100 的倍數

　　　　　若西元年是 400 的倍數，則印出閏年

　　　　　否則印出平年

　　　　否則

　　　　　若西元年是 4 的倍數，則印出閏年

　　　　　否則印出平年

程式：#include<iostream.h>

    void main(void)

    {

      int year, y;

      cout<<"輸入民國幾年"；

      cin>>year;

      y=year+1911;

      if(y%100= =0) // 是 100 的倍數

        if(y%400= =0) // 是 400 的倍數，才是閏年

          cout<<"閏年"；

        else

          cout<<"平年"； // 非 400 的倍數，為平年

      else

        if(y%4= =0)

          cout<<"閏年"； // 非 100 的倍數，但是 4 的倍數，為閏年

        else

          cout<<"平年"；

    }

驗算：(1) 輸入：189<Enter>；印出：平年

    (2) 輸入：89<Enter>；印出：閏年

    (3) 輸入：80<Enter>；印出：平年

    (4) 輸入：93<Enter>；印出：閏年

範例 18 解一元二次方程式 $ax^2 + bx + c = 0$，即輸入 a, b, c，印出 x 的解。

做法：x 的解為：

    (1) 若 $a \neq 0$，則

      (a) 若 $b^2 - 4ac > 0$，解為 $x = \dfrac{-b \pm \sqrt{b^2 - 4ac}}{2a}$

      (b) 若 $b^2 - 4ac = 0$，解為 $x = \dfrac{-b}{2a}$

      (c) 若 $b^2 - 4ac < 0$，為無解

    (2) 若 $a = 0$，則

      (a) 若 $b \neq 0$，解為 $x = \dfrac{-c}{b}$

      (b) 若 $b = 0$，則若 $c = 0$，則為 "無窮多解"

                      否則為 "無解"

程式：#include<iostream.h>

　　　#include<math.h> // 因有 sqrt( ) 函數

　　　void main(void)

　　　{

　　　　float a, b, c, det, y1, y2;

　　　　cin>>a>>b>>c;

　　　　if(a!=0)

　　　　{

　　　　　det=b*b-4*a*c;

　　　　　if(det>0)

　　　　　{

　　　　　　y1=(-b+sqrt(det))/(2*a);

　　　　　　y2=(-b-sqrt(det))/(2*a);

　　　　　　cout<<"解為" <<y1<<"," <<y2;

　　　　　}

　　　　　else if(det= =0)

　　　　　　cout<<"解為" <<-b/(2*a);

　　　　　else　　//det<0

　　　　　　cout<<"無解" ;

　　　　}

　　　　else　//a=0

　　　　{

　　　　　if(b!=0)cout<<"解為" <<-c/b;

　　　　　else　　//b=0, a=0

　　　　　　if(c= =0)cout<<"無窮多解" ;

　　　　　　else cout<<"無解" ;

　　　　}

　　　}

驗算：(1) 輸入：2 4 -6<Enter>；印出：解為 1, -3

　　　(2) 輸入：2 4 2<Enter>；印出：解為 -1

　　　(3) 輸入：2 4 5<Enter>；印出：無解

　　　(4) 輸入：0 2 4<Enter>；印出：解為 -2

　　　(5) 輸入：0 0 2<Enter>；印出：無解

　　　(6) 輸入：0 0 0<Enter>；印出：無窮多解

(1) 它也可以用句型三的 if–else if 敘述改寫，即：

```
det=b*b-4*a*c;
if(a!=0 && det>0)
{
    y1=(-b+sqrt(det))/(2*a);
    y2=(-b-sqrt(det))/(2*a);
    cout<<"解為"<<y1<<","<<y2
}
else if(a!=0 && det= =0)
    cout<<"解為"<<-b/(2*a)
else if(a!=0 && det<0)
    cout<<"無解";
else if(a= =0 && b!=0) //a= =0 可省略
    cout<<"解為"<<-c/b;
else if(a= =0 && b= =0&& c= =0) //a= =0, b= =0 可省略
    cout<<"無窮多解";
else cout<<"無解";
```

註：此種寫法是要將所有判斷情況全放在 if 的條件式內，即判斷 a, b, c, det 的條件均不可省略。

(3) 此題也可以改用句型一的 if 敘述改寫，即：

```
det=b*b-4*a*c;
if(a!=0 && det>0)
{
    y1=(-b+sqrt(det))/(2*a);
    y2=(-b-sqrt(det))/(2*a);
    cout<<"解為"<<y1<<","<<y2
}
if(a!=0 && det= =0)cout<<"解為"<<-b/(2*a)
if(a!=0 && det<0) cout<<"無解";
if(a= =0 && b!=0) cout<<"解為"<<-c/b; //a= =0 不可省略
if(a= =0 && b= =0&& c= =0) cout<<"無窮多解"; //a= =0&& b= =0 不可省略
if(a= =0 && b= = 0&& c!= 0) cout<<"無解";
```

註：此種寫法也是要將所有判斷情況全放在 if 的條件式內，它的缺點是即使前面的 if 條件式已成立，找到解了，後面的 if 還是會繼續判斷其是否成立（當然不成立，白做了）。

4.3 switch 敘述

■ switch 敘述也是多選一的敘述，它的語法為（流程圖如下圖所示）：

```
switch（運算式）
{
    case 條件 1：
        動作 1;
        break;
    case 條件 2：
        動作 2;
        break;
    case 條件 3：
        動作 3;
        break;
        ⋮
    default：
        動作 n;
}
```

說明：(1) 它是一個「多選一」的敘述，即先算出 switch 內的「運算式」，

　(a) 若「運算式」等於「條件 1」，則做「動作 1」，做完後若沒遇到 break 敘述，還會續續往下做，直到遇見 break 敘述或做到最後一行敘述，才會跳離 switch 敘述；

　(b) 若「運算式」不等於「條件 1」，就直接跳到「case 條件 2：」判斷是否等於「條件 2」：

　(c) 若「運算式」等於「條件 2」，則做「動作 2」，做完後，是否繼續往下做或跳離 switch 敘述，同 (a) 的情況

　(d) 若「運算式」不等於「條件 2」，就直接跳到「case 條件 3：」判斷是否等於「條件 3」：

　　　⋮

　　依此類推

(e) 若之前的條件均不相等（即以上皆非），則做「default：」後面的動作，此例即做「動作 n」；

(2) 「case 條件 n」的個數要依題目需要來做增減；

(3) 最後一個「default：」可以省略，表示若上述的條件均不成立時，則就不執行任何動作。

(4) 「case 條件 n」內的 break 可省略，若省略，則會繼續做「動作 n+1」，直到遇到 break 或做到 switch() 最後一行，才離開 switch() 敘述。

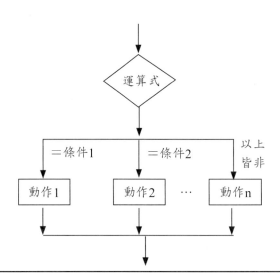

範例 19 輸入 0-4 的數字，印出其英文單字（即 0->zero;1->one;……），若輸入值不在 0~4 間，則印出「輸入錯誤」

做法：用 switch 敘述來做

程式：
```cpp
#include<iostream.h>
void main(void)
{
    int num;
    cin>>num;
    switch(num)
    {
        case 0:
            cout<< "zero";
            break;
```

```
        case 1:
                cout<< "one";
                break;
        case 2:
                cout<< "two";
                break;
        case 3:
                cout<< "three";
                break;
        case 4:
                cout<< "four";
                break;
        default:
                cout<< "輸入錯誤";
        }
    }
```

驗算：(1) 輸入：0<Enter>；印出：zero

　　　(2) 輸入：1<Enter>；印出：one

　　　(3) 輸入：2<Enter>；印出：two

　　　(4) 輸入：3<Enter>；印出：three

　　　(5) 輸入：4<Enter>；印出：four

　　　(6) 輸入：5<Enter>；印出：輸入錯誤

說明：此題也可以用句型三的 if–else if 敘述或句型一的 if 敘述改寫。

範例 20 輸入月份（1~12），印出當月有幾天，若輸入值不在 1~12 間，則印出「輸入錯誤」，其中 2 月有 28 天。

做法：用 switch 敘述來做

程式：
```
#include<iostream.h>
void main(void)
{
    int month;
    cin>>month;
    switch(month)
```

```
        {
            case 1:
            case 3:
            case 5:
            case 7:
            case 8:
            case 10:
            case 12:
                cout<<month<<"月有 31 天";
                break;
            case 4:
            case 6:
            case 9:
            case 11:
                cout<<month<<"月有 30 天";
                break;
            case 2:
                cout<<month<<"月有 28 天";
                break;
            default:
                cout<<"輸入錯誤";
        }
    }
```

驗算：(1) 輸入：1<Enter>；印出：1 月有 31 天

　　　(2) 輸入：2<Enter>；印出：2 月有 28 天

　　　　　＜其餘類似＞

說明：此題也可以用句型三的 if-else if 敘述或句型一的 if 敘述改寫。

範例 21　輸入一字元，若為 'a' 或 'A' 印出 "大家好"，若為 'b' 或 'B' 印出 "老師好，大家好"，若為 'c' 或 'C' 印出 "你好，老師好，大家好"，

做法：用 switch 敘述來做

程式：#include<iostream.h>

　　　void main(void)

```
        {
           char ch;
           cin>>ch;
           switch(ch)
           {
             case 'c' :
             case 'C' :
                 cout<<"你好，";
             case 'b' :
             case 'B' :
                 cout<<"老師好，";
             case 'a' :
             case 'A' :
                 cout<<"大家好";
           }
        }
```

說明：(1) 因為題目沒有以上皆非選項，就不需要 default，即若輸入非 a、非 b 或
　　　　　非 c，則甚麼也不做；

　　　　(2) 因 case 'c' 和 case 'b' 後面均沒有 break 敘述，所以會一直往下做到
　　　　　最後一行，才離開 switch 敘述；

　　　　(3) 此題也可以用句型三的 if–else if 敘述或句型一的 if 敘述改寫。

4.4 goto 敘述

> ■ goto 敘述的語法為：
>
> 　標記：敘述 m;
> 　　　⋮
> 　　敘述 n;
> 　　goto 標記 ;
>
> 說明：(1)「goto 標記；」敘述就像玩大富翁的「前進到民族路」一樣，會直
> 　　　　　接跳到「標記」位置，繼續往下執行，如上例，執行到「goto 標
> 　　　　　記；」時，接著執行「敘述 m；」；
>
> 　　　　(2) 標記就像路標一樣，要有一個名字，其命名方式和變數名稱同；
>
> 　　　　(3) 標記名稱不需要宣告，因它不是變數；
>
> 　　　　(4) 就結構化程式設計的觀點，撰寫程式時，盡量少用 goto 敘述。

範例 22 輸入一串整數，求其總和，若輸入值為 0 或負數，則結束輸入。

做法：用 goto 敘述來做

程式：
```
#include<iostream.h>
       void main(void)
       {
           int a, sum=0;
label:     cout<<"輸入一整數："; // label 是標記，不用宣告
           cin>>a;
           if(a>0)
           {
               sum+=a;
               goto label; // 直接跳到 label 處執行
           }
           cout<<"總和為" <<sum;
       }
```

驗算：輸入：1<Enter>2<Enter>3<Enter>0<Enter>；印出：總和為 6

說明：此題盡量不要用此寫法來寫，可用下一章介紹的 for 敘述或 while 敘述來寫。

第四章習題

1. 就條件式而言，程式要執行到何時，才會知道該條件式是否成立？

2. C 語言的邏輯運算子有 3 個，分別為：&&（且）、||（或）、!（非），其真值表為何？

3. 若運算式內小括號、單運算元符號〔即負號 (-) 和邏輯運算子的非 (!)〕、算術運算子、關係運算子、邏輯運算子和等號 (＝) 時，誰先做誰後做？

4. 在 C 語言中，經常被使用到的選擇性敘述有哪些？

5. if 敘述有哪四種不同的句型？

6. 何謂巢狀 if 敘述？

7. switch() 敘述最後一個「default：」省略時，表示甚麼意思？

8. 就結構化程式設計的觀點，撰寫程式時，盡量少用何種敘述？

9. 寫出下列程式執行後的結果

   (1) 1+2*3<8 || 2+3*4!=20 && 3-2>2，結果為何？

   (2)   int x, y, z;

```
cin>>x>>y>>z;
if(x>=y && x>=z)
{
    temp=x;
    x=z;
    z=temp;
}
cout<< "x=" <<x<< ", y=" <<y<< ", z=" <<z;
```

請問：(a) x=3，y=1，z=2，輸出為何？

(b) x=1，y=2，z=3，輸出為何？

(3)
```
int x, y, i, j;
cin>>i>>j;
if(i+j>i*j)
{
    x=2*i+3*j;
    y=3*i-2*j;
}
else
{
    y=2*i+3*j;
    x=3*i-2*j;
}
cout<< "x=" <<x<< ", y =" <<y ;
```

請問：(a) i=1，j=2，輸出為何？

(b) i=2，j=3，輸出為何？

(4)
```
int x, y, z ;
cin>>x>>y>>z;
if(x+y>z || y+z>x && z+x>y)
    cout<<"條件一成立";
else
    cout<<"條件二成立" ;
```

請問：(a) x=1，y=5，z=2，輸出為何？

(b) x=2，y=3，z=6，輸出為何？

(5)
```
int x, y;
```

```
        cin>>x;
        if(x<= -10)cout<<abs(x);
        else if(x>-10 && x<0)cout<<10+x;
        else if(x= =0)cout<<0;
        else if(x>0 && x<=10)cout<<x*x+2*x+1 ;
        else cout<<x/2;
```
請問：輸入 (a)-20，(b)-5，(c)0，(d)5，(e)20；輸出各為何？

(6)　char ch ;
```
        cin>>ch ;
        if(ch= =‘A’&& ch= =‘a’) // 注意：題目是 &&
            cout<< “Apple”；
        else if(ch= =‘B’&& ch= =‘b’) // 注意：題目是 &&
            cout<< “Ball”；
        else if(ch= =‘C’&& ch= =‘c’) // 注意：題目是 &&
            cout<< “Cat”；
        else
            cout<< “Dog”；
```
請問：輸入 (a)A，(b)B，(c)C，(d)D，(e)b；輸出各為何？

(7)　char ch ;
```
        int x
        cin >> ch ;
        if(ch>=‘A’&& ch<=‘Z’)
        {
            x= ch-‘A’；
            cout<<x;
        }
        else if(ch>=‘a’&& ch<=‘z’)
        {
            x= ch-‘a’；
            cout<<x;
        }
        else if(ch>=‘0’&& ch<=‘9’)
        {
            x= ch-‘0’；
```

```
            cout<<x;
        }
    else
        cout<<ch;
```

請問：輸入 (a)A，(b)a，(c)0，(d)*，(e)B；輸出各為何？

(8)
```
    int num;
    cin>>num;
    switch(num)
    {
        case 0：
            cout<< "zero" ;
        case 1：
            cout<< "one" ;
            break;
        case 2：
            cout<< "two" ;
        case 3：
            cout<< "three" ;
        case 4：
            cout<< "four" ;
    }
```

請問：輸入 (a)0，(b)1，(c)2，(d)3，(e)4，(f)5；輸出各為何？

(9)
```
    char ch;
    cin>>ch;
    switch(ch)
    {
        case 'a' ：
        case 'b' ：
            cout<< "ab" ;
        case 'c' ：break;
        case 'd' ：
            cout<< "cd" ;
        case 'e' ：
        case 'f' ：
```

```
          cout<< "ef" ;
      }
```

請問：輸入 (i)a，(ii)b，(iii)c，(iv)d，(v)e，(vi)f，(vii)g，輸出各為何？

(10)
```
      int a, sum=0;
label:  cout<< "輸入一整數 :" ;
      cin>>a;
      if(a>0)
      {
        sum+=a;
        goto label;
      }
      else if(a<0)
      {
        sum-=a;
        goto label;
      }
      else
        cout<< "總和為" <<sum;
      }
```

請問：輸入 1，2，-3，-4，0，輸出為何？

10. 寫程式

(1) 輸入 a, b 二數，若 a>b，則 a 值加 1，b 值加 2，否則不改變 a, b 之值，最後印出 a, b 值。

(2) 輸入 a, b, c 三數，若 $a \geq b \geq c$，就將 a, c 對調，印出 a, b, c。

(3) 輸入 a, b, c 三整數，若 $a^2+b^2=c^2$，則 a=b=c=0，印出 a, b, c。

(4) 輸入 0-3 的數字，印出其英文單字（即 0->zero; 1->one; …… ）。

(5) 輸入成績，若為 100~90，則印出 A；若為 89~80，則印出 B；若為 79~70，則印出 C；若為 69~60，則印出 D；若為 59~0，則印出 F。

(6) 若用 1000 元買東西，輸入購買物品的價格，印出要找 500 元，100 元，50 元，10 元，1 元各幾個？

(7) 輸入三角形的三邊長，問

(a) 其是否構成一個三角形；若為一三角形，繼續印出下列的結果：

(b) 其為鈍角 ($a^2+b^2<c^2$)，直角 ($a^2+b^2=c^2$) 或銳角 ($a^2+b^2>c^2$) 三角形

(c) 求此三角形的面積？（公式：面積 $=\sqrt{s(s-a)(s-b)(s-c)}$，$s=\dfrac{a+b+c}{2}$）

(8) 某公司加薪方案：輸入薪水和年資（浮點數），

    (a) 未滿一年，不加薪；(b) 滿一年，加 200 元；(c) 滿二年，加 400 元；(d) 滿三年，加 600 元；(e) 滿超過三年，加 800 元，問要加多少錢，薪水變成多少錢

(9) 輸入一字元，(a) 若為大寫英文字母，則印出「大寫英文字母」；

               (b) 若為小寫英文字母，則印出「小寫英文字母」；

               (c) 若不是英文字母，則印出「非英文字母」。

(10) 計算電信費用：輸入通話時間，印出通話費

    (a) 若通話時間 ≦ 100 秒，則每秒 0.2 元；

    (b) 若 100 秒 < 通話時間 ≦ 300 秒，則每秒費用打 9 折；

    (c) 若 300 秒 < 通話時間 ≦ 600 秒，則每秒費用打 8 折；

    (d) 若通話時間 >600 秒，則每秒費用打 7 折。

    例如：通話時間為 700 秒，則前 100 秒，每秒為 0.2 元；後 200 秒，每秒為 0.2*0.9 元；後 300 秒，每秒為 0.2*0.8 元；最後 100 秒，每秒為 0.2*0.7 元

(11) 輸入一字元，(a) 若為小寫英文字母，則印出「小寫英文字母」；

               (b) 若為大寫英文字母，則印出「大寫英文字母」；

               (c) 若為 0 到 9 數字，則印出「數字」；

               (d) 若不為上面三種字元，則印出「其他」；

(12) 輸入 a, b, c 三數，印出最大值和最小值

(13) 輸入一正整數，請問此數是屬於下列那一種情況：(a) 可同時被 3, 5, 7 整除；(b) 只可被其中的 2 數整除；(c) 只可被其中的 1 數整除；(d) 均不能整除；

Chapter 5 重覆性敘述

　　重覆性敘述是某段敘述要重覆執行多次，我們在日常生活中，也常常看見重覆做的例子。

例如：跑操場障礙賽 50 圈，其做法有二：

(一) (1) 碼表調為 0

　　　(2) 看碼表的值是否小於 50，

　　　　　(2.1) 若碼表值小於 50，則

　　　　　　　　跑操場障礙賽

　　　　　　　　跑完一圈後，碼表的值加 1

　　　　　　　　回到步驟 (2)

　　　　　(2.2) 若碼表值等於 50，則跑步結束

(二) (1) 碼表調為 50

　　　(2) 看碼表的值是否大於 0，

　　　　　(2.1) 若碼表值大於 0，則

　　　　　　　　跑操場障礙賽

　　　　　　　　跑完一圈後，碼表的值減 1

　　　　　　　　回到步驟 (2)

　　　　　(2.2) 若碼表值等於 0，則跑步結束

　　C 語言也可以做類似的動作，此種敘述稱為重覆性敘述，有：for 敘述、while 敘述和 do-while 敘述。本章將介紹這 3 個敘述的語法。

5.1 for 敘述

■ for 敘述的語法為（流程圖如下圖所示）：

　　　　for（定初值；條件式；變化量）

　　　　　動作；

說明：(1)for 敘述的執行順序為：

　　　　①先做「定初值」（如前例的「碼表調為 0」，且只做一次）

　　　　②再判斷「條件式」，（如前例的「是否碼表值小於 50」）

若「條件式」成立，則（如前例的「碼表值小於 50」）

  (a) 做「動作」；（如前例的「跑操場」）

  (b) 做「變化量」；（如前例的「碼表值加 1」）

  (c) 回到②，判斷條件

若「條件式」不成立，則跳離 for 敘述。

    （如前例的「若碼表值等於 50，則跑步結束」）

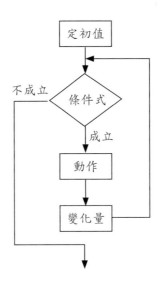

(2) for 敘述內

  (a) 若沒有「定初值」，它可以省略不寫，即

      for（; 條件式 ; 變化量）動作；

  (b) 若沒有「變化量」，它可以省略不寫，即

      for（定初值 ; 條件式 ;）動作；

  (c) 若沒有「條件式」，它可以省略不寫，但它表示條件永遠成立。

      for（定初值 ; ; 變化量）動作；

  (d) 若沒有「動作」，它可以省略不寫，但要於 for 敘述的右小括號後

     面加一分號（表示 for 敘述到此為止），即

      for（定初值 ; 條件式 ; 變化量）；

  (e) 若 for 敘述內有「動作」，其右小括號後面「不可」加分號，即

      for（定初值 ; 條件式 ; 變化量）；動作；

     是錯誤的。

  (f) 但不管哪一部份省略，for 內的二個分號「一定不能」省略。

(3)「動作」若超過一個敘述，要加上大括號；若只有一個敘述，則可加
   也可不加上大括號。

範例 1 求 1 + 2 + 3 + ⋯ + 50 之值。

做法：(1) 要求累加時，要有存放累加值的累加器（設變數為 sum），且其初值
為 0，即 sum=0;

(2) 要有碼表（設變數為 i），其初始值設為 1（i=1），即從 1 開始加起;

(3) 因要加到 50，條件在（i<=50）時，要繼續做累加的動作，做完一次
後，碼表（變數 i）要加 1

(4) 當 i 加到 51 時（i<=50 條件不成立），表示做完了，跳出迴圈

程式：#include<iostream.h>
    void main(void)
      {
        int i, sum=0;
        for(i=1; i<=50 ; i++)
            sum=sum+i;
        cout<< "和為" <<sum;
      }

驗算：此題不用輸入： 印出：和為 1275

說明：此例子是從 1 加到 50，也可以從 50 加到 1，即
      for(i=50 ; i>=1 ; i--)
        sum=sum+i;

它是(1) i 從 50 開始加起;(2)條件（i>=1）成立時要繼續加;(3)加完後 i 減 1。

範例 2 求 2 + 4 + 6 + ⋯ + 100 之值。

做法：此題和上一題類似，只是 (1) i 從 2 開始加起;(2) 條件（i<=100）成立時
要繼續加;(3) 做完一圈後，i 要加 2

程式：#include<iostream.h>
    void main(void)
      {
        int i, sum=0;
        for(i=2 ; i<=100 ; i=i+2) //i=i+2 表示每次增加 2
            sum=sum+i;
        cout<< "和為" <<sum;
      }

驗算：此題不用輸入； 印出：和為 2550

範例 3　輸入一個正整數，印出其所有的因數。

做法：因數是能整除該正整數的整數，例如：8 的因數有：1, 2, 4, 8。

程式：
```
#include<iostream.h>
void main(void)
{
    int i, n;
    cin>>n; // 輸入一整數
    for(i=1 ; i<=n ; i++) // 依序從 1 找到 n
    {
        if(n%i= =0)cout<<i<< "," ; // 找到了，印出其值
    }
}
```

驗算：輸入：12； 印出：1, 2, 3, 4, 6, 12,

範例 4　$y = x^2 + 2x + 3$，印出 x= -1 到 1，每次增加 0.1 的 y 值

做法：(1) 由題目知，碼表（設變數為 x，且為 float）的初始值設為 -1.0（即 x=-1.0）；

(2) 因要做到 1，條件在（x<=1）時，要繼續計算出 y 值，做完後，碼表（變數 x）要加 0.1；

(3) 當 x 加到大於 1 時（表 x<=1 不成立），表示做完了，跳出迴圈。

(4) 因用浮點數做運算，會有截斷誤差（Truncation Error），所以在做判斷時，若寫成 if（x<=1.0）時，x=1.0 這個值有可能會做不到，要改成 if（x<=1.001）比較保險。

程式：
```
#include<iostream.h>
void main(void)
{
    float x;
    for(x=-1.0 ; x<=1.001 ; x=x+0.1)
        cout<< "x=" <<x<< "時，y=" <<x*x+2*x+3<<endl;
}
```

驗算：輸入：沒有輸入

　　　印出：x=-1.0 時，y=2.0

　　　　　　x=-0.9 時，y=2.01

　　　　　　　　⋮

　　　　　　x=1.0 時，y=6.0

說明：(1) 此例子是從 -1 印到 1，也可以從 1 印到 -1，其為

　　　　　for(x=1.0 ; x>= -1.001 ; x=x-0.1)

　　　(2) 因是浮點數運算，程式跑出來的答案和課本的答案可能有很小的誤差

範例 5 1+2+3+4+……，求其剛好大於 1000 的和，且加了幾項

做法：(1) 和前面例 1 同，只是條件判斷要改成 sum<=1000 時，要繼續做累加；

　　　(2) 當 sum>1000 時，表示其和（sum）剛好大於 1000，跳出迴圈。

　　　　　但跳離前，會先做 i++，表示 i 多加了 1，要扣掉。

程式：
```
#include<iostream.h>
void main(void)
{
    int i, sum=0;
    for(i=1 ; sum<=1000 ; i++)
        sum=sum+i;
    cout<<"和為"<<sum<<", 共加"<<i-1<<"項";
}
```

驗算：此題不用輸入；　印出：和為 1035，共加 45 項

範例 6 1+2+3+4+……，求其剛好不大於 1000 的和，且加了幾項

做法：(1) 和前例同，條件判斷也是 sum<=1000 時，要繼續做累加；

　　　(2) 當 sum>1000 時，表示其和（sum）剛好大於 1000，跳出迴圈。

　　　　　但跳離前，會先做 i++，表示多加了一次 i。

　　　(3) 此題要求剛好不大於 1000 的和，所以 sum 要把最後一次加進去的值

　　　　　(i-1) 扣掉，且做了 (i-2) 次。

程式：
```
#include<iostream.h>
void main(void)
{
```

```
        int i, sum=0;
        for(i=1; sum<=1000 ; i++)
            sum=sum+i;
        cout<< "和為" <<sum-(i-1)<< ", 共加" <<i-2<< "項" ;
    }
```

驗算：此題不用輸入； 印出：和為 990，共加 44 項

範例 7 輸入 10 個數值，扣除最大值和最小值後，計算其總和及平均數

做法：(1) 先輸入一個數（變數 x），因只有一數，它是最大值（變數 max），也是最小值（變數 min）；

(2) 再依序輸入其他 9 值，若輸入的值比目前最大值還大，則最大值就被換掉；若輸入的值比目前最小值還小，則最小值就被換掉。

程式：
```
#include<iostream.h>
void main(void)
{
    int i, x, max, min;
    cin>>x; // 輸入第一個數
    max=x; // 此數目前是最大值
    min=x; // 此數目前也是最小值
    for(i=1 ; i<=9 ; i++) // 輸入其他 9 數
    {
        cin>>x;
        if(x>max)max=x; // 比目前最大值大，最大值換人
        if(x<min)min=x; // 比目前最小值小，最小值換人
    }
    cout<< "最大值為" <<max<< ", 最小值為" <<min;
}
```

驗算：(1) 輸入：0<Enter> 1<Enter> 2 3 4 5 6 7 8 9；
印出：最大值為 9, 最小值為 0

(2) 輸入：9<Enter> 8<Enter> 7 6 5 4 3 2 1 0；
印出：最大值為 9, 最小值為 0

範例 8 輸入學生成績，求其總和和平均，若輸入的成績為負值，表示已輸入完畢。

做法：先輸入一人成績（變數 s），若此成績不為負數，就加到累加器（sum）內，之後繼續輸入其他人成績。

程式：
```
#include<iostream.h>
void main(void)
{
    int i, sum=0, s, avg;
    cin>>s; // 輸入第一位同學的成績
    for(i=0 ; s>=0 ; i++) // 條件式 s>=0 時，才做 for 迴圈的內容
    {
        sum=sum+s; // 將 s 加到累加器內
        cin>>s; // 輸入下一筆成績
    }
    if (i>0) avg=sum/i; // i 從 0 開始算起，所以不用減 1
    else avg=0; // 若沒輸入任何成績，則 avg =0
    cout<< "總和 =" <<sum<< "，平均 =" <<avg;
}
```

驗算：(1) 輸入：50<Enter>60<Enter>80<Enter>90<Enter>-1<Enter>

印出：總和 =280，平均 =70

(2) 輸入：-1<Enter>

印出：總和 =0，平均 =0

範例 9 費比數列是 $f_1=0$，$f_2=1$，$f_n=f_{n-1}+f_{n-2}$ $(n>=2)$（已知前 2 項，下一項是前 2 項的和），輸入 n，印出其值。

做法：(1) 若目前要算第 n 項（fn），且 fn2 是前面第 2 項的值（即 f_{n-2}），fn1 是前面第 1 項的值（即 f_{n-1}），則 fn=fn1+fn2；

(2) 要再計算下一個 fn 值時：要將目前的 fn1 變成 fn2，目前的 fn 變成 fn1，由此算出新的 fn 值，fn=fn1+fn2

程式：
```
#include<iostream.h>
void main(void)
{
    int i, n, fn2=0, fn1=1, fn; // 第 1 項 fn2=0，第 2 項 fn1=1
    cin>>n;
    for(i=3 ; i<=n ; i++) // 依序從的 3 項算到第 n 項
```

```
    {
        fn=fn1+fn2;  // 新項（第 3 項）fn 等於前二項（fn1+fn2）的和
        fn2=fn1;     // 前第 1 項換成前第 2 項
        fn1=fn;      // 目前新項換成前第 1 項
    }
    cout<<"第"<<n<<"項費比數列值為"<< fn;
}
```

驗算：輸入：5；　　印出：第 5 項費比數列值為 3

說明：for 迴圈內的 fn2= fn1; 和 fn1= fn; 敘述不能對調，若對調就錯了。

■ continue 敘述與 break 敘述的用法為（見下圖）：

(1) 在 for 迴圈內，若執行到 continue 敘述時（見圖 (a)），則其後面的敘述就不再執行，直接跳到「變化量」，做「變化量」，做完後再判斷「條件式」是否成立。

(2) 在 for 迴圈內，若執行到 break 敘述時（見圖 (b)），則其後面的敘述就不再執行，直接跳出 for 迴圈，繼續做 for 迴圈的下一個敘述。

```
for（定初值；條件式；變化量）          for（定初值；條件式；變化量）
{                                    {
    ⋮                                    ⋮
    if（條件式）continue;                 if（條件式）break;
    ⋮                                    ⋮
}                                    }
    (a) continue 敘述                      (b) break 敘述
```

範例 10　輸入一個數值，若它不是 10 的倍數，則繼續輸入數值；若它是 10 的倍數，停止輸入，並計算之前輸入幾項（不含 10 的倍數）及其總和

做法：此題可以直接用 for 敘述來寫，此處練習 continue 敘述和 break 敘述。

程式：
```cpp
#include<iostream.h>
void main(void)
{
    int i, n, sum=0;
    for(i=0 ; ; i++) //for 迴圈條件式永遠成立
    {
```

```
            cin>>n;
            if(n%10 != 0) // 輸入值不是 10 的倍數
            {
               sum=sum+n; //n 加到累加器內
               continue;  // 跳到 i++ 處,執行 i++
            }
            else  // 輸入值是 10 的倍數
               break;  // 跳離 for 迴圈,做 cout 敘述
         }
         cout<< "輸入" <<i<< "項,總和為" <<sum;
      }
```

驗算:(1) 輸入:2 5 8 10: 印出:輸入 3 項,總和為 15

　　　(2) 輸入:10: 印出:輸入 0 項,總和為 0

範例 11 輸入多個數值,若它是偶數,將它累加起來,若它是奇數,則不加起來,直到它們的總和大於 100,才停止輸入,印出其總和

做法:此題可以直接用 for 敘述來寫,此處練習 continue 敘述和 break 敘述。

程式:
```
#include<iostream.h>
void main(void)
{
   int n, sum=0;
   for( ; ; ) // 無窮迴圈
   {
      cin>>n;
      if(n%2==1)continue; // 奇數不加
      sum+=n;   // 偶數加到累加器內
      if(sum>100)break; // 跳出 for 迴圈
   }
   cout<< "總和為" <<sum;
}
```

驗算:輸入:20 35 48 61 63 64;印出:總和為 132

(二) 巢狀 for 迴圈

■ 有時候，我們會在 for 迴圈內再出現一個 for 迴圈，此種 for 迴圈內還有其他 for 迴圈的結構稱為巢狀 for 迴圈（nested for loop），如下例：

```
for (i=0 ; i<3 ; i++)  // 外圈 for，i 從 0 做到 2
{
    sum=0;
    for(j=3 ; j<6 ; j++)  // 內圈 for，j 從 3 做到 5
        sum=sum+i+j;
    cout<< "sum=" <<sum<< "\n" ;
}
```

■ 巢狀 for 迴圈的執行方式是外圈做一次，內圈要做一圈。如上例，
(1) i=0 時，j 要從 3 做到 5，其和（sum）為 (0+3)+(0+4)+(0+5)=12；
(2) i=1 時，j 要從 3 做到 5，其和（sum）為 (1+3)+(1+4)+(1+5)=15；
(3) i=2 時，j 要從 3 做到 5，其和（sum）為 (2+3)+(2+4)+(2+5)=18；
所以其最後印出的結果為：

sum =12
sum =15
sum =18

■ 整個 for 迴圈是被視為一個敘述，所以若 if 或 for 內還有其他的 for 迴圈，且只有 for 迴圈，則此 for 迴圈可以加也可以不加大括號。

例如： if(a>0)
```
    for(i=0 ; s>=0 ; i++) // 整個 for 迴圈看成是一個敘述
    {
        sum=sum+s;
        cin>>s;
    }
```
是合法的，也可以寫成
```
    if (a>0)
    {           // 整個 for 迴圈也可以加大括號
    for (i=0 ; s>=0 ; i++)
    {
        sum=sum+s;
```

```
                cin>>s;
            }
        }
```

範例 12　印出九九乘法表

做法：九九乘法表是 $1 \times 1 = 1$
$$1 \times 2 = 2$$
…………
$$9 \times 9 = 81$$

此用 2 個 for 迴圈來做，外圈（變數 i）表示九九乘法表的第 1 個數字，內圈（變數 j）表示九九乘法表的第 2 個數字，i*j 表示其結果。

程式：
```
#include<iostream.h>
void main(void)
{
    int i, j;
    for(i=1 ; i<=9 ; i++) // 乘法的第 1 個數字
        for(j=1 ; j<=9 ; j++) // 乘法的第 2 個數字
            cout<<i<< "*" <<j<< "=" <<i*j<<endl;
}
```
說明：外圈的 i 做一次，內圈的 j 做 9 次

範例 13　輸入一正整數 r，求滿足 $x^2 + y^2 = r$ 的所有 x, y 之正整數

做法：輸入 r，x 從 1 到 r，y 也從 1 到 r，找出滿足 $x^2 + y^2 = r$ 的 x, y 值

程式：
```
#include<iostream.h>
void main(void)
{
    int r, x, y;
    cin>>r;
    for(x=1 ; x<=r ; x++)
        for(y=1 ; y<=r ; y++)
            if(x*x+y*y= =r)cout<< "x=" <<x<< ", y=" <<y<<endl;
}
```

驗算：輸入：100； 　　印出：x=6, y=8

x=8, y=6

說明：此題也可以算 x 從 1 到 $\sqrt{r}$，y 也從 1 到 $\sqrt{r}$，因 $\sqrt{r} \times \sqrt{r} = r$（見下一題例子）

範例 14 輸入 a, b 二正整數（b>a），求滿足 $a \leq x^2 + y^2 \leq b$，且 $x \neq y$ 的所有 x, y 之正整數

做法：(1) 題目 $x \neq y$，表示要排除 x=y 的答案

(2) 0<a<b 同義於（0<a 且 a<b），才往下做

程式：

```cpp
#include<iostream.h>
#include<math.h>
 void main(void)
  {
     int a, b, x, y, rb;
     for( ; ; ) // 無窮迴圈
     {
         cout<< "輸入 a, b 二值" ;
         cin>>a>>b;
         if(0<a && a<b)break; // 不符合 0<a<b，重輸入
     }
     rb=(int)sqrt((double)b); //x, y 只要算到 √b 即可
     for(x=1 ; x<=rb ; x++)
       for(y=1 ; y<=rb ; y++)
       {
         if(x= =y)continue; //x, y 不能相同
         if(a<=x*x+y*y && x*x+y*y<=b)
           cout<< "x=" <<x<< ", y=" <<y<<endl;
       }
  }
```

驗算：輸入：10 20<Enter>

印出：x=1, y=3

x=1, y=4

x=2, y=3

x=2, y=4

x=3, y=1

x=3, y=2

x=4, y=1

x=4, y=2

說明：for(;;){ … } 敘述也可以改成後面將介紹的 do-while 敘述

範例 15 找出一三位數的正整數 abc，求滿足 $a^3 + b^3 + c^3 = abc$ 的 abc 之值

做法：(1) 此題要用 3 個 for 迴圈，

    (a) 最外圈做 a，從 1 到 9（因是三位數），即

        for(a=1 ; a<=9 ; a++)

    (b) 中間圈做 b，從 0 到 9，即

        for(b=0 ; b<=9 ; b++)

    (c) 最內圈做 c，從 0 到 9，即

        for(c=0 ; c<=9 ; c++)

  (2) $abc = a \times 100 + b \times 10 + c$

  (3) 此題不需要輸入任何值

程式：
```
#include<iostream.h>
void main(void)
{
    int a, b, c;
    for(a=1 ; a<=9 ; a++)
      for(b=0 ; b<=9 ; b++)
        for(c=0 ; c<=9 ; c++)
          if(a*a*a+b*b*b+c*c*c= =a*100+b*10+c)
            cout<< "a=" <<a<< ", b=" <<b<< ", c=" <<c<<endl;
}
```

驗算：此題不需要輸入：

    印出：a=1.b=5, c=3

        a=3.b=7, c=0

        a=3.b=7, c=1

        a=4.b=0, c=7

註：若此題改成 a, b, c 均不相同，則為：

程式：#include<iostream.h>

    void main(void)

  {

    int a, b, c;

    for(a=1 ; a<=9 ; a++)

      for(b=0 ; b<=9 ; b++)

      {

        if(b= =a)continue; //b 等於 a，換下一個 b

        for(c=0 ; c<=9 ; c++)

        {

          if(c= =a||c= =b)continue; //c 等於 a 或 c 等於 b，

                              // 換下一個 c

          if(a*a*a+b*b*b+c*c*c= =a*100+b*10+c)

           cout<< "a=" <<a<< ", b=" <<b<< ", c=" <<c<<endl;

        }

      }

  }

驗算：此題不需要輸入：

    印出：同上

5.2 while 敘述

■另一個常見的重覆性敘述為 while 敘述，其語法為（流程圖如下圖所示）：

      while（條件式）

         動作；

說明：(1) while 敘述的執行方式為：

      (A) 判斷「條件式」，

          (a) 若「條件式」成立，則

             (i) 做「動作」

             (ii) 回到 (A) 判斷「條件式」

          (b) 若「條件式」不成立，則跳離 while 敘述

      (B) 若「動作」超過一個敘述，則要加上大括號；

         若只有一個敘述，則可加也可不加上大括號。

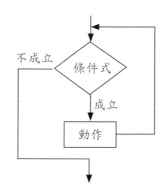

(2) while 敘述是先判斷條件式，成立才做「動作」，若第一次判斷，條件式就不成立，則「動作」就一次也沒做。

(3) while（條件式）後面不可加分號，因它還沒結束。

(4) while 敘述和 for 敘述可以互換：

　　　for（定初值 ; 條件式 ; 變化量）動作 ;

　　改成 while 敘述為：

　　　　定初值 ;

　　　　while（條件式）

　　　{ 動作 ;

　　　　變化量 ;}

範例 **16** 連續輸入一串字元，若此字元為 a 或 A，則印出"輸入完畢"，才跳離此程式。

做法：取字元的變數名稱為 ch，若此字元為 a 或 A（ch= =‘a’||ch= =‘A’）就結束輸入，而要繼續輸入的條件是它的否定句，即：

　　非（ch= =‘a’|| ch= =‘A’）同義於（ch!=‘a’&& ch!=‘A’）

程式：#include<iostream.h>

```
void main(void)
  {
    char ch ;
    cin>>ch ;
    while(ch!=‘a’&& ch!=‘A’) // 此條件成立，要繼續輸入
        cin>>ch;
    cout << "輸入完畢";
  }
```

驗算：輸入：1<Enter> 2 <Enter>s<Enter>a<Enter>　　印出：輸入完畢

範例 17　已知 $x = \dfrac{1}{1^2} + \dfrac{1}{2^2} + \dfrac{1}{3^2} + \dfrac{1}{4^2} + \cdots$，求 x 的值到小數第 4 位數

做法：此題也就是要加到 $\dfrac{1}{a^2} < 0.0001$ 的 a 值為止；當 $\dfrac{1}{a^2} \geq 0.0001$ 時，要繼續往下加

程式：
```
#include<iostream.h>
void main(void)
  {
    float sum=0.0, a=1.0 ;
    while(1.0/(a*a)>=0.0001) // 此條件成立，要繼續加
    {
        sum+=1.0/(a*a);
        a+=1.0;
    }
    cout << " x 值為" <<sum;
  }
```

驗算：此題不用輸入：

印出：x 值為 1.63498

5.3 do-while 敘述

■還有一種重覆性敘述是 do-while 敘述，其語法為（流程圖如下圖所示）：
```
        do
        {
           動作 ;
        }while（條件式）;
```
說明：(1) do-while 敘述的執行方式為

(a) 做「動作」

(b) 判斷「條件式」

(i) 若「條件式」成立，則回到 (a) 做

(ii) 若「條件式」不成立，則跳離 do-while 敘述

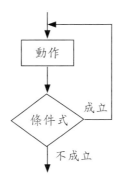

(2) do-while 敘述是先做「動作」，再判斷「條件式」，所以「動作」一定至少做第一次；其不同於 while 敘述，「動作」可能一次也沒做。

(3) while（條件式）後面要加分號，表示 do-while 敘述的結束。

(4) do-while 敘述和 for 敘述可以互換：

　　　for（定初值；條件式；變化量）動作；

　　改成 do-while 敘述為：

　　　定初值；

　　　if（條件式）

　　　 do

　　　{

　　　　動作；

　　　　變化量；

　　　}while（條件式）；

　　註：do-while 敘述全部看成一個敘述，若它在 if 內可不用加大括號。

範例 18 輸入 a, b 二正整數且 b>a，若不滿足此條件則重新輸入，最後印出 a, b 之值

做法：0<a<b 同義於（0<a 且 a<b），其否定句為：

　　0>=a 或 a>=b，此時表示要重新輸入

程式：
```
#include<iostream.h>
void main(void)
{
    int a, b;
    do
    {
        cout<<"輸入 a, b 二值";
```

```
            cin>>a>>b;
        }while(0>=a || a>=b); // 不符合 0<a<b，重輸入
          cout<< "a=" <<a<< ", b=" <<b;
    }
```

驗算：輸入：-2 -1<Enter>
　　　　　　　-1 2<Enter>
　　　　　　　1 2<Enter>
　　　印出：a=1, b=2

範例 19 玩猜字遊戲程式內預設一個數值 (a)，始用者從鍵盤上輸入一數，

(1) 若輸入值比 a 小，則印出「猜錯了，太小了」，始用者繼續輸入

(2) 若輸入值比 a 大，則印出「猜錯了，太大了」，始用者繼續輸入

(3) 若輸入值等於 a，則印出「猜對了」，程式結束

做法：(1) 因至少要輸入一次，用 do-while 敘述做

　　　(2) 在程式內變數 a 預存一個整數（設存 25），

　　　(3) (a) 從鍵盤上輸入一數存入變數 x 內，

　　　　　(b) 若 x 比 a 小，則印出「猜錯了，太小了」，回到步驟 (3)

　　　　　(c) 若 x 比 a 大，則印出「猜錯了，太大了」，回到步驟 (3)

　　　　　(d) 若 x 等於 a，則印出「猜對了」，離開程式

程式：
```cpp
#include<iostream.h>
void main(void)
{
    int a=25, x; // 預設 a 值為 25
    do
    {
        cin>>x ;
        if(x<a)cout<< "猜錯了，太小了 \n" ;
        else if(x>a)cout<< "猜錯了，太大了 \n" ;
        else cout<< "猜對了 \n" ;
    } while(x!=a);
}
```

驗算：輸入：2<Enter>
　　　印出：猜錯了，太小了

輸入：40<Enter>

印出：猜錯了, 太大了

輸入：25<Enter>

印出：猜對了

說明：讀者可以用 while 敘述和 for 敘述重做此題。

範例 20 輸入 2 正數，求它們的最大公因數和最小公倍數

做法：(1) 若輸入的 2 數是 a＜b，則將它們換成 $a \geq b$，以利計算

(2) 求最大公因數可用輾轉相除法來求（見下圖）：

(i) a 除以 b（大除以小），若餘數是 c；

(ii) b 存到 a（即 a=b），c 存到 b（即 b=c），再回到 (i) 做，直到餘數 c 等於 0 為止；

(iii) 此時的 b 就是最大公因數

(3) 最小公倍數 =a*b/（最大公因數）

```
  |  34  | 18  | 1
1 |  18  | 16  |
  |  16  |  2  |
8 |  16  |
  |   0  |
```

程式：
```cpp
#include<iostream.h>
void main(void)
{
    int a, b, c, temp, ab, maxf, minf;
    cin>>a>>b;
    ab=a*b; // 先將 a*b 存起來
    if(a<b) // 若 a<b，a, b 互換
    {
        temp=a;
        a=b;
        b=temp;
    }
```

```
        do
        {
          c=a%b;
          a=b;
          b=c;
        }while(c!=0); //c 不等於 0，繼續做
        maxf=a; // 最大公因數為 a
        minf=ab/maxf; // 最小公倍數
        cout << "最大公因數 =" <<maxf<< "，最小公倍數 =" <<minf;
     }
```

驗算：輸入：20 36；印出：最大公因數 =4，最小公倍數 =180

說明：(1) 此題也可以不用 a>b，因若 a<b，則做完後其商為 0，餘數為 a，做下
　　　　一次就是 a>b 了

　　　(2) 此題程式可以在輸入 a, b(cin>>a>>b;) 後寫個保護程式，以免有人輸入
　　　　0 而使程式無法執行，可加入下列片段

```
        while(a<=0 || b<=0)
        {
          cout<< "輸入錯誤，請重新輸入";
          cin>>a>>b;
        }
```

　　　(3) 讀者可以用 while 敘述和 for 敘述重做此題。

第五章習題

1. 何謂重覆性敘述？

2. C 語言比較常見的重覆性敘述，有哪些？

3. for 敘述的語法為：

　　　　　for（定初值 ; 條件式 ; 變化量）
　　　　　　　動作：

　　其執行方式為何？

4. for 敘述若沒有「條件式」，表示條件永遠成立或不成立？

5. for 敘述內的哪個部分「一定不能」省略？

6. 因用浮點數做運算，會有截斷誤差（Truncation Error），所以在做
　　if(x<=1.0) 判斷時，可能會發生哪種錯誤？如何避免？

7. 在 for 迴圈內，若執行到 continue 敘述時，會如何做？

8. 在 for 迴圈內，若執行到 break 敘述時，會如何做？

9. 何謂巢狀 for 迴圈？它的執行方式為何？

10.　　　　 while（條件式）

　　　　　　動作；

　執行方式為何？

11. 將 while 敘述改成 for 敘述。

12. 將 for 敘述改成 while 敘述。

13.　　　do

　　　　　動作；

　　　　while（條件式）；

　的執行方式為何？

14. do-while 敘述不同於 while 敘述，主要點在哪裡？

15. 將 do-while 敘述改成 for 敘述。

16. 將 for 敘述改成 do-while 敘述。

17. 寫出下列程式執行後的結果

   (1)　int i, sum=0;

      for(i=1 ; i<=10 ; i=i+2)

        sum=sum+i;

      cout<< "和為" <<sum<< ", i" <<i;

      請問輸出為何？

   (2)　float x;

      for(x=0 ; x<=1.001 ; x=x+0.3)

        cout<< "x=" <<x<< "，y=" <<x*x-3<<endl;

      請問輸出為何？

   (3)　int i, x, max, min, sum=0;

      cin>>x;

      max=x+3;

      min=x-3;

      for(i=1 ; i<=3 ; i++)

      {

        cin>>x;

        if(x>max)sum+=x;

        if(x<min)sum-=x;

      }

```
        cout<< "sum=" <<sum;
```
請問：輸入 1，5，-4，-1；輸出為何？

(4)
```
    int i, x=0, s, avg;
    cin>>s;
    for(i=0 ; s>=0 ; i++)
    {
        if(s>2) x=x+s;
        else x=x+2*s
         cin>>s;
    }
    if (i>0) avg=x/i;
    else avg=0;
    cout<< "x=" <<x<< "，avg=" <<avg;
```
請問：輸入 3，1，0，2，-1；輸出為何？

(5)
```
    int i, fn2=1, fn1=2, fn;
    for(i=0 ; i<=2 ; i++)
    {
        fn=2*fn1+fn2;
        fn2=fn1;
        fn1=fn;
    }
    cout<< fn;
```
請問輸出為何？

(6)
```
    int i, n, sum=0;
    for(i=0 ; ; i++)
    {
        cin>>n;
        if(n%3!=0)
        {
            sum=sum+2*n;
            continue;
        }
        else
            break;
```

```
        }
    cout<<i<< "，" <<sum;
```
請問：輸入 1，2，4，3；輸出為何？

(7)
```
    int i, j;
    for(i=2 ; i<=4 ; i++)
        for(j=3 ; j<=5 ; j++)
        {
            if(j<i)continue;
            cout<<i<< "*" <<j<< "=" <<(i+1)*(j-2)<<endl;
        }
```
請問輸出為何？

(8)
```
    int sum=0, x, y;
    for(x=1 ; x<=4 ; x++)
    for(y=1 ; y<=4 ; y++)
    {
        if(y= =x)continue;
        if(x+y>3 &&x+y<7)
            sum++;
    }
    cout<< "sum=" <<sum;
```
請問輸出為何？

(9)
```
    int a, b, c;
    for(a=1 ; a<=4 ; a++)
    for(b=0 ; b<=3 ; b++)
    {
        if(a<b)continue;
        if(a+b= =a*b+1)
            cout<< "a=" <<a<< ", b=" <<b<<endl;
    }
```
請問輸出為何？

(10)
```
    float sum=0.0, a=1.0 ;
    while(1.0/a>=0.3)
    {
        sum+=1.0/a;
```

```
        a+=1.0;
    }
    cout << " x 值為 " <<sum;
```
請問輸出為何？

(11) int sum=0, i=0, x;
```
    do
    {
        cin>>x ;
        if(x<0)sum=sum--;
        else if(x>0)sum+=2;
        else sum++;
    }while(++i<=5);
    cout<< "i=" <<i<< ", sum=" <<sum;
```
請問：輸入 -2，-5，0，5，2；輸出各為何？

18. 寫程式

(1) 輸入 n，求 n!（註：5!=5*4*3*2*1）

(2) 數入 n，印出小於 n 的 7 的倍數有幾個，其和為多少

(3) $y = x^2 + 2x + 1$，印出 x=-1 到 1，每次增加 0.1 的 y 值

(4) 11+12+13+14+……，求其前 50 項的和

(5) 輸入多個數值，計算其總和及平均數，直到輸入 0 才離開此程式

(6) 輸入 10 個數值，扣除最大值和最小值後，計算其總和及平均數

(7) 若 $0 \leqq x, y \leqq 10$，求滿足 2x+5y=50 的 x, y 整數解

(9) 輸入二正整數 x, y，計算 100 到 1000 中，可同時被 x 和 y 整除的數有幾個

(10) 計算 100 到 1000 中，不是 2 或 3 的倍數，但是 5 的倍數，有幾個

(11) 輸入一金額（介於 50 到 100 元間），問可以有幾種 1, 5, 10 元的組合

(12) 輸入一個數，印出其是否為質數

(13) 韓信點兵：將兵以 7 人一排，多出 1 人；以 9 人一排，多出 3 人；以 11 人一排，多出 4 人，求兵最少幾人

(14) 設 a, x 為正整數，輸入 a，若 x≤a，印出滿足 $x^3-10x^2-100x+64=0$ 的 x 值，若找不到，就印出找不到

(15) 已知 $e = 1 + \dfrac{1}{1!} + \dfrac{1}{2!} + \dfrac{1}{3!} + \dfrac{1}{4!} + \cdots$，求 e 的值到小數第 5 位數

(16) 已知 $\dfrac{\pi}{4} = 1 - \dfrac{1}{3} + \dfrac{1}{5} - \dfrac{1}{7} + \dfrac{1}{9} - \cdots$，求 π 的值到小數第 5 位數

(17) 重覆輸入一數,判斷它是否為質數?若輸入的數為負數,則印出輸入錯誤,若輸入的數為 0,則跳出此程式

(18) 輸入一正整數 R,求滿足 $x^2 + y^2 = R$ 的所有 x, y 之正整數

(19) 輸入 n(n>5) 個數字,找到最大值、第 2 大值、最小值、第 2 小值

(20) 找出□□ × □ = □□□ = □ × □□之值,其中□為相異的 1~9 之值

(21) 求民國 100 年到民國 1000 年中,閏年的和(即 101+105+109+⋯)

(22) 任一大於 2 的偶數,都可表示 2 個質數之和,輸入一偶數,找出此 2 個質數

Chapter 6 陣列

6.1 一維陣列

■前面已介紹過，就是變數使用前要先宣告。若一個班級有 50 位同學，我們要將每位同學的國文成績存入電腦內，就必須要使用 50 個變數，若要一一宣告這 50 個變數是很沒效率的，且若每個人的國文成績全部要加 5 分，程式就要寫 50 行也是不可行的方法。為了處理這種相同性質的多個變數，於是有了陣列的產生，本節將介紹陣列的宣告和使用方法。

■在日常生活中，學校老師在找同學時，會說「三年五班 10 號」或「五年六班 20 號」等，它是以一個代名詞（「三年五班」或「五年六班」）代表某一個團體，再以編號（「10 號」或「20 號」）代表該團體內的某個人。程式語言也有此用法，稱為「陣列（array）」，用一個變數名稱代表某一組資料，再以編號（「10」或「20」）代表該組資料內的某個元素。

■陣列是將相同性質的多個變數看成是一組資料，用同一個變數名稱來代表此組資料，再以不同的編號來區分陣列內的不同的元素。陣列使用前也要先宣告，宣告的目的除了說明該陣列的資料型態外，還要說明該陣列的最大個數。

■陣列的宣告方式為：

    資料型態　陣列名稱 [個數];

  表示宣告（個數）個變數。

例如： int abc[100] ;

說明：(1)「資料型態」可以是 char, int, float, double 或加入其修飾詞（如 short）；

     (2)「陣列名稱」的命名方式與變數的命名方式相同；

     (3) 陣列宣告的「個數」一定要大於或等於程式內使用的個數，若宣告的個數小於程式內使用的個數，則會執行錯誤，且編譯器不會指出此錯誤；

     (4) 若陣列宣告成 int abc[100]，表示宣告 100 個整數，分別為 abc[0]、abc[1]、…、abc[99]。此時，在程式內不可以出現 abc[100] 或大於 100 的值，因宣告最大只到 abc[99]。

■一維陣列的宣告也可以直接給初值,

例如: int a[5]={6, 7, 8, 9, 10};

   表示 a[0]=6, a[1]=7, a[2]=8, a[3]=9, a[4]=10

例如: int b[4]={0};

   表示所有的 b[i] 初值均為 0;

■陣列的中括號內的數值可以是一「整數」或用一個「整數變數」來取代,如:

int i, a[100];

則

i=3;

a[i]=5;

和

a[3]=5;

是相同的意義;

■陣列和 for 迴圈配合使用,就可以依序的將陣列內的每個元素做完。

例如: for(i=0 ; i<100 ; i++) //i 從 0 做到 99

   abc[i]=abc[i]+5;

   表示陣列的每個元素內容再加 5

範例 1 輸入 10 位同學的國文成績,印出其總和和平均值。

做法:因有 10 位同學的成績,所以至少要宣告到 a[10],宣告也可以超過 10,如:
   a[20];要求總和,需有累加器 sum

程式:
```
#include<iostream.h>
void main(void)
{
    int i, sum=0, avg, a[10];
    for(i=0 ; i<10 ; i++) // 處理 10 位同學的成績
    {
        cout<< "輸入" <<i<< "成績";
        cin>>a[i]; // 實際輸入成績
        sum=sum+a[i]; // 將 i 號同學成績加到累加器內
    }
    avg=sum/10; // 10 個同學的平均成績
```

```
        cout << "總和 =" <<sum<< "，平均 =" <<avg ;
    }
```

驗算：輸入：10<Enter>20 30 40 50 60 70 80 90 100<Enter>
　　　印出：總和 =550，平均 =55

範例 2 印出前 10 個費比數列。（費比數列的第一項為 0，第二項為 1，之後的項次為前面二項之和，也就是 0、1、1、2、3、5、8、…）

做法：(1) 此題前面已出現過，在此用陣列來做會比較容易些；
　　　(2) 陣列位置的宣告可超過 10 個，但不可少於 10 個。

程式：
```
#include<iostream.h>
void main(void)
{
    int i, f[30]; // 宣告 30 個位置
    f[0]=0;    // 第一項為 0
    f[1]=1;    // 第二項為 1
    for(i=2 ; i<10 ; i++)
        f[i]=f[i-1]+f[i-2]; // 第 i 項之值為 (i-1) 項與 (i-2) 項之和
    for(i=0 ; i<10 ; i++) // 印出前 10 個費比數列
        cout<<f[i]<< "," ;
}
```

驗算：輸入：沒有輸入；印出：0, 1, 1, 2, 3, 5, 8, 13, 21, 34,

範例 3 先輸入 n（小於 100），再輸入 0, 1 二數共 n 個數值，將它們存入陣列中，問此陣列內有幾個 0？有幾個 1？

做法：用 2 個累加器來做，其中一個 (n0) 存 0 的個數，另一個 (n1) 存 1 的個數
程式：
```
#include<iostream.h>
void main(void)
{
    int i, n, n0=0, n1=0, a[100]; // 宣告 100 個位置
    cout<< "輸入 n" ;
    cin>>n;
    for(i=0 ; i<n ; i++)
    {
```

```
        cin>>a[i];
        if(a[i]!=0&&a[i]!=1)i--; // 非 0 非 1，重新輸入
    }
    for(i=0 ; i<n ; i++)
        if(a[i]= =0)n0++;
        else if(a[i]= =1)n1++;
    cout<< "0 有" <<n0<< "個，1 有" <<n1<< "個" ;
}
```

驗算：輸入：7 1 1 1 0 0 1 1

印出：0 有 2 個，1 有 5 個

範例 4　先輸入 n（小於 100），再輸入 0, 1, 2, ⋯, 9 十數共 n 個數值，將它們存入陣列中，問此陣列內有幾個 0？有幾個 1？⋯有幾個 9？

做法：此題也可用上一題的方式，設 10 個累加器來解，但如此程式變得太冗長，累加器可用陣列解。

程式：
```
#include<iostream.h>
void main(void)
{
    int i, n, a[100]; // 宣告 100 個位置
    int hist[10]={0}; //10 個累加器，hist[i] 存 i 的個數
    cout<< "輸入 n" ;
    cin>>n;
    for(i=0 ; i<n ; i++)
    {
        cin>>a[i];
        if(a[i]>9 || a[i]<0)i--; // 輸入錯誤，重來
    }
    for(i=0 ; i<n ; i++)
        hist[a[i]]++; //a[i] 的累加器加 1
    for(i=0 ; i<n ; i++)
        cout<<i<< "數值有" <<hist[i]<< "個 \n" ;
}
```

說明：若 a[i]=5，則 hist[a[i]]++ 就是 hist[5]++，表示數值 5 加 1 個

範例 5　輸入 n 個數值，將它們存入陣列中，再輸入一數值，問此數值是否在此陣列內

做法：搜尋的方式是採循序搜尋法（sequential search），也就是從陣列的第一個
　　　元素開始搜尋起

程式：
```cpp
#include<iostream.h>
void main(void)
{
    int i, n, x, a[100]; // 宣告 100 個位置
    cout<< "輸入 n" ;
    cin>>n;
    while(n>100)
    {
        cout<< "輸入值太大，請重新輸入" ;
        cin>>n;
    }
    cout<< "輸入" <<n<< "個數值" ;
    for(i=0 ; i<n ; i++)
        cin>>a[i];
    cout<< "輸入要搜尋的數值" ;
    cin>>x;
    for(i=0 ; i<n ; i++)
        if(x= =a[i])break;
    if(i<n)cout<<x<< "有在陣列內" ; // 從 break 跳出 for 迴圈
    else cout<<x<< "不在陣列內" ; // 從 (i<n) 不成立跳出 for 迴圈
}
```

驗算：(1) 輸入：6<Enter>
　　　　　　　 2 5 4 8 6 7<Enter>
　　　　　　　 8<Enter>
　　　　 印出：8 有在陣列內
　　　 (2) 輸入：5 <Enter>
　　　　　　　 2 5 4 8 6 <Enter>
　　　　　　　 7<Enter>
　　　　 印出：7 不在陣列內

說明：(1) 若從 for 的條件式 (i<n) 不成立跳出 for 迴圈，表示沒找到；

(2) 若從 if(x= =a[i])break; 跳出 for 迴圈，表示有找到；

範例 6 {1, 3, 5, 7, 9, 11, 13, 15, 17, 19}，10 個由小到大已排序好的數值，輸入一數值，用二元搜尋法搜尋此數值是否在此陣列內

做法：已排序好（sorting）的數值用二元搜尋法（binary search）搜尋是最快的，二元搜尋法是先比較中間位置的數值，

(1) 若比中間位置的數值小，則繼續用二元搜尋法搜尋其左半部的數值；

(2) 若比中間位置的數值大，則繼續用二元搜尋法搜尋其右半部的數值；

(3) 若和中間位置的數值同，則找到了。

以上都是比較「位置」上的值，以「位置」找答案。

程式：
```cpp
#include<iostream.h>
void main(void)
{
    int i, x, left, middle, right;
    int a[10]={1, 3, 5, 7, 9, 11, 13, 15, 17, 19};
    left =0; //left 是左邊的位置
    right =9; //right 是右邊的位置
    middle=( left + right)/2; //middle 是中間的位置
    cout<< "輸入一數值";
    cin>>x;
    while(left<right) // 左邊的位置小於右邊的位置，繼續找
    {
        if(x<a[middle]) right=middle-1;// 中間位置的左邊一位
        else if(x>a[middle]) left=middle+1; // 中間位置的右邊一位
        else break; // 找到了，跳出
    }
    if(left>= right)cout<< "找不到"; // 從 (left<right) 不成立跳出 while 迴圈
    else cout<< "找到了，在第" <<middle<< "個位置";
}
```

驗算：(1) 輸入：7； 印出：找到了，在第 3 個位置

(2) 輸入：8； 印出：找不到

說明：(1) 若是從 while(left<right) 不成立跳離 while 迴圈，表示找不到；

(2) 若是從 else break; 跳離 while 迴圈，表示找到了。

範例 6　輸入 n（個值），再輸入 n 個數，求此 n 個值的 (a) 最大值，(b) 最小值，(c) 平均值，(d) 標準值，（公式：平均值 $\overline{x} = \dfrac{\sum_{i=1}^{n} x_i}{n}$，標準值 $\sigma = \sqrt{\dfrac{\sum_{i=1}^{n}(x_i - \overline{x})^2}{n}}$）

做法：因為要先求出平均值後才能算出標準差，標準差需要輸入的 x_i 資料，所以輸入資料要用陣列存起來，以便能讓標準差使用

程式：
```cpp
#include<iostream.h>
#include<math.h>
void main(void)
{
    int i, n;
    float max, min, avg, sum, sum2=0, sd, a[100]; // 宣告 100 個位置
    cout<< "輸入 n";
    cin>>n;
    while(n>100)
    {
        cout<< "輸入值太大，請重新輸入";
        cin>>n;
    }
    cout<< "輸入" <<n<< "個數值";
    cin>>a[0]; // 先輸入第一個數值
    max=a[0];
    min=a[0];
    sum=a[0];
    for(i=1 ; i<n ; i++) // 再輸入 (n-1) 個數值
    {
        cin>>a[i];
        if(a[i]>max)max=a[i];
        if(a[i]<min)min=a[i];
        sum+=a[i];
    }
    avg=sum/n;
```

```
for(i=0 ; i<n ; i++)
   sum2=sum2+(a[i]-avg)*(a[i]-avg);
sd=sqrt(sum2/n);
cout<<"最大值 ="<<max<<"，最小值 ="<<min;
cout<<"平均值 ="<<avg<<"，標準差 ="<<sd;
}
```

6.2 多維陣列

■在日常生活中，學校老師在找同學時，會說「三年五班第 2 排第 3 個位置的同學」或「六年四班第 6 排第 2 個位置的同學」等，它是以一個代名詞（「三年五班」或「六年四班」）代表某一個團體，再以教室的座位（「第 2 排第 3 個位置」或「第 6 排第 2 個位置」）代表該團體內的某個人。程式語言也有此用法，稱為「二維陣列（array）」，它用一個變數名稱代表某一組資料，再以二個編號（「2,3」或「6,2」）代表該組資料內的某個元素。

■上一節所介紹的陣列稱為一維陣列，如：a[100]，它就好像我們的數線，只有一個 x 軸座標。陣列也可以宣告成二維陣列或多維陣列，它可以使用 2 個或多個中括號表示。如前面所介紹的 50 位同學的國文、英文、數學和生物成績，我們可以使用二維陣列來表示，其中的一維代表同學的座號，另一維代表課程的編號。

■二維陣列的宣告方式如下：

資料型態 陣列名稱 [個數 1] [個數 2];

表示宣告（個數 1）*（個數 2）個變數。

例如： int s[3][4]; 表示宣告 3*4=12 個整數，分別是

s[0][0]，s[0][1]，s[0][2]，s[0][3]，
s[1][0]，s[1][1]，s[1][2]，s[1][3]，
s[2][0]，s[2][1]，s[2][2]，s[2][3]。

(0, 0)	(0, 1)	(0, 2)	(0, 3)
(1, 0)	(1, 1)	(1, 2)	(1, 3)
(2, 0)	(2, 1)	(2, 2)	(2, 3)

■二維陣列的宣告也可以直接給初值，例如：

int a[2][3]={{5, 6, 7}, {8, 9, 0}}; 或
int a[2][3]={5, 6, 7, 8, 9, 0};

它存放的順序依序為：a[0][0], a[0][1], a[0][2], a[1][0], a[1][1], a[1][2]，
也就是 a[0][0]=5，a[0][1]=6，a[0][2]=7，a[1][0]=8，a[1][1]=9，a[1][2]=0。
其中第一種表示法是為了讓人看得更清楚而已。
■我們也可以使用三維陣列（或高維陣列），三維陣列的宣告方式如下：
　　　資料型態　陣列名稱 [個數 1]　[個數 2]　[個數 3];
表示宣告（個數 1）*（個數 2）*（個數 3）個變數。

例如： int a[10][20][30];
　　　表示宣告 10*20*30=6000 個變數。分別為 a[0][0][0]、a[0][0][1]、…、
　　　a[0][0][29]、a[0][1][0]、…、a[9][19][29] 等。

範例 7　輸入 50 個同學的國文、英文、數學和生物成績，分別求出各科總合、平均，每
　　　一個同學的四科總和。

做法：用一二維陣列 s[50][0-3] 的位置來存 50 個同學的國文、英文、數學和生物
　　　成績，用 s[50][4] 的位置來存每一個同學的四科總和，用 sum[4], avg[4] 來
　　　存四科的總和和平均。

	國	英	數	生	總和
0					
1					
⋮	⋮	⋮	⋮	⋮	⋮
48					
49					
sum					
avg					

程式：
```
#include<iostream.h>
void main(void)
{
    int i, j, s[50][5], sum[4], avg[4];
    for (i=0 ; i<50 ; i++)
    {
        cout<<"輸入第"<<i<<"位同學的成績 \n";
```

```
            cin>>s[i][0] >>s[i][1]>>s[i][2]>>s[i][3];
            s[i][4]= s[i][0]+s[i][1]+s[i][2]+s[i][3]; // 四科總和
        }
        for(i=0 ; i<4 ; i++) // 各科總和
        {
          sum[i]=0;
          for(j=0 ; j<50 ; j++)
              sum[i]=sum[i]+s[j][i];
          avg[i]=sum[i]/50; // 各科平均
        }
    }
```

說明：上述的 sum[0]，sum[1]，sum[2] 和 sum[3] 分別存放國文、英文、數學、生物成績的總和，avg[0]、avg[1]、avg[2] 和 avg[3] 則存放其平均值。

範例 8 輸入一 6×8 的陣列，其值只為 0 或 1，找出 0 有幾個？1 有幾個？$\begin{bmatrix} 1 & x & 0 \\ x & 0 & 1 \end{bmatrix}$ 形狀有幾個？（其中：x 表可 0 可 1）

做法：2*3 的陣列要疊到 6*8 的陣列，是從 6*8 陣列的左上角位置做起，依序橫向疊到右上角位置，再移到 6*8 陣列的下一列位置做起。由下圖知，2×3 陣列的左上角位置，從 6×8 陣列的左上角位置疊起，一直往右移到 6×8 陣列的第 5 個位置後再往下移一個位置。

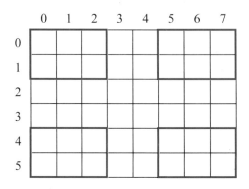

程式：#include<iostream.h>

```
void main(void)
{
    int i, j, s[6][8], n0=0, n1=0, nn=0;
```

```
for(i=0 ; i<6 ; i++) // 讀取 6*8 陣列的資料
for(j=0 ; j<8 ; j++)
    cin>>s[i][j];
for(i=0 ; i<6 ; i++) // 找出 0 和 1 的個數
for(j=0 ; j<8 ; j++)
    if(s[i][j]==0)n0++;
    else if(s[i][j]==1)n1++;
for(i=0 ; i<5 ; i++) // 找出 2*3 陣列的個數
for(j=0 ; j<6 ; j++) // i 只到 4，j 只到 5
    if(s[i][j]==1&& s[i][j+2]==0&& s[i+1][j+1]==0&&
        s[i+1][j+2]==1)nn++;
cout<<"0 有"<<n0<<"個，1 有"<<n1<<"個，矩形有"<<nn<<"個";
}
```

6.3 字串

■字串是一串字元，也就是宣告成 char 的一維陣列。

■字串的宣告方式為：

    char 變數名稱 [個數];

■字串存到記憶體內時，系統會在其最後加 0 表示此字串的結束，這是因為 ASCII 的編碼中，1（含）以上數值均有對應到一個字元，只有數值 0 沒有。所以系統在讀取記憶體內的字串時，讀到 0 就知道字串已讀完畢。

■在程式內，字元會以單引號括起來，如字元 'A'（只能一個字元，不能寫成 'AB'，是錯的）；字串會以雙引號括起來，如字串 "ABCD"。

例如：若字串 str 宣告成：

        char str[100];

表示 str 內最多可存放 99 個字元，要留一個位置留給 0。

例如：若字串 str= "0123abc"，其存在記憶體內為（註：'0' 的 ASCII 為 48，'a' 的 ASCII 碼是 97）：

48	49	50	51	97	98	99	0

為了方便閱讀，有時也畫成：

0	1	2	3	a	b	c	\0

例如：'A'和"A"是不同的，前者為一字元，後者為一字串，

| A |

字元 A

| A | \0 |

字串 A

■字串的初值宣告方式為：

　　　chart str [100] ="12345"；

此種宣告方式，系統會在字串後面加上'\0'。

或

　　　char str [100] = {'1','2','3','4','\0'}；

有時程式設計師如果不想算字串內有幾個字元，也可以宣告成：

　　　char str[ ] ="1234567"

也就是中括內空白，由系統填入。

■C 語言的整合開發環境（IDE）提供很多個處理字串的庫存函數（Library Function），

例如：　strlen( )：計算字串的長度；

　　　strcat( )：將 2 個字串合併成一個；

　　　……等（有興趣的讀者可參閱相關的書籍）。

　　　使用這些庫存函數時，程式前面要多加：

　　　　#include<string.h>

範例 9　輸入一字串，找出此字串內有幾個字元

做法：要找到字串的字元是'\0'才停止

程式：
```cpp
#include<iostream.h>
void main(void)
{
    int i;
    char s[100];
    cout<<"輸入一字串 \n";
    cin>>s;
    for(i=0 ; s[i]!='\0' ; i++);   // 找到'\0'才結束
    cout<<"字串有"<<i<<"個字元";   // 因從 0 開始算起，所以不用減 1
}
```

驗算：輸入：1234567<Enter>； 印出：字串有 7 個字元

註：也可以用 strlen(s) 來做

範例 10 輸入一字串，找出此字串內有幾個 0 到 9 的字元

程式：
```cpp
#include<iostream.h>
void main(void)
{
    int i, sum=0;
    char s[100];
    cout<<"輸入一字串 \n";
    cin>>s;
    for(i=0 ; s[i]!='\0' ; i++)
        if(s[i]>='0' && s[i]<='9')sum++;
    cout<<"0 到 9 的字元有"<<sum<<"個";
}
```

驗算：輸入：1a2b3c4d5f0<Enter>； 印出：0 到 9 的字元有 6 個

範例 11 輸入一字串，找出此字串內有幾個 "abc"

程式：
```cpp
#include<iostream.h>
void main(void)
{
    int i, sum=0;
    char s[100];
    cout<<"輸入一字串 \n";
    cin>>s;
    if(s[0]!='\0' && s[1]!='\0') // 輸入的字元要大於 2 個
    {
        for(i=2 ; s[i]!='\0' ; i++)
            if(s[i-2]=='a' && s[i-1]=='b' && s[i]=='c')sum++;
    }
    cout<<"abc 字串有"<<sum<<"個";
}
```

驗算：輸入：aabcababbaaabcd<Enter>； 印出：abc 字串有 2 個

範例 **12** 輸入二字串，將此二字串串成一字串

程式：
```
#include<iostream.h>
void main(void)
{
    int i, j, sum=0;
    char s[100], s1[100];
    cout<<"輸入一字串 \n";
    cin>>s;
    cout<<"輸入另一字串 \n";
    cin>>s1;
    for(i=0 ; s[i]!='\0' ; i++); // 找字串 s 最後的一個位置
    for(j=0 ; s1[j]!='\0' ; j++) //s1 放到 s 後面
        s[i+j]=s1[j];
    s[i+j]='\0'; // 字串結束
      cout<<"字串為" <<s;
}
```

驗算：輸入：abcd<Enter>12345<Enter>； 印出：abcd12345

註：此題也可以用系統提供的庫存函數 strlen( ) 來做。

範例 **13** 輸入一個字串（少於 10 個字），將它改成反字串後輸出，例如：輸入 1234，輸
出 4321

程式：
```
#include<iostream.h>
#include<string.h>
void main(void)
{
    int len, i, sum, temp;
    char s[20], ch;
    cout<<"輸入一字串";
    cin>>s;
    len=strlen(s); // 字串長度
```

```
for(i=0 ; i<len/2 ; i++)
{
    temp=s[i];
    s[i]=s[len-i-1]; // 減 1 是字串陣列從 0 算起
    s[len-i-1]=temp;
}
cout<<"新字串為"<<s;
}
```

範例 **14** 身分證字號共有 10 個字，第一個字為大寫英文字母，其餘的 9 個為數字，輸入第一個英文字母，和前 8 個數字，求出第 9 個數字。

說明：身分證字號的組成規則為：

(1) 英文代號以下表轉換成數字為：

A=10，B=11，C=12，D=13，E=14，F=15，G=16，H=17，I=34，J=18，
K=19，L=20，M=21，N=22，O=35，P=23，Q=24，R=25，S=26，T=27，
U=28，V=29，W=32，X=30，Y=31，Z=33

(2) 規則說明：

若此英文字母對應的數字為 x_1x_2，其餘的 9 個為數字依序為 $d_1d_2d_3...d_9$，合法的身分證字號要滿足 $x_1 + 9 \cdot x_2 + 8 \cdot d_1 + 7 \cdot d_2 + 6 \cdot d_3 + 5 \cdot d_4 + 4 \cdot d_5 + 3 \cdot d_6 + 2 \cdot d_7 + 1 \cdot d_8 + d_9$，為 10 的倍數

程式：
```
#include<iostream.h>
#include<string.h>
void main(void)
{
    int eng, i, sum, d;
    int s[26]={10, 11, 12, 13, 14, 15, 16, 17, 34, 18, 19, 20, 21, 22, 35, 23,
               24, 25, 26, 27, 28, 29, 32, 30, 31, 33}; // 英文字母對應到的數值
    char id[12], ch;
    cout<<"輸入身分證字號前 9 個字元：";
    cin>>id;
    if(strlen(id)!=9) // 長度 ≠ 9, 表示輸入錯誤
    {
        cout<<"身分證字號輸入錯誤";
```

```
        system("pause"); // 結束執行
        return 0; // 離開程式
    }
    if(id[0]>='a' && id[0]<='z') // 第一個字為小寫英文字母
    {
        i=(int)(id[0]-'a');
        eng=s[i];
    }
    else if(id[0]>='A' && id[0]<='Z') // 第一個字為大寫英文字母
    {
        i=(int)(id[0]-'A');
        eng=s[i];
    }
    else
    {
        cout<<"身分證字號輸入錯誤";
        system("pause");
        return 0;
    }
    sum=eng/10+(eng%10)*9;
    for(i=1 ; i<=8 ; i++) // 後面 8 個數字
        sum+=(int)(id[i]-'0')*(9-i);
    d=(10-sum%10)%10;
    ch='0'+d;
    id[9]=ch;
    id[10]='\0';
    cout<<"身分證字號為"<<id;
}
```

第六章習題

1. 解釋名詞

   (1) 陣列　　(2) 循序搜尋法　　(3) 二元搜尋法　　(4) 字串

2. C 語言陣列的宣告為

   int a[8];

表示宣告幾個變數，變數名稱為何？

3. C 語言陣列的宣告為

　　int b[4]={2, 4, 6, 8};

表示每個變數的初值為何？

4. C 語言陣列的宣告為

　　int c[6]={1};

表示每個變數的初值為何？

5. C 語言陣列的宣告為

　　int d[4][2];

表示宣告幾個變數，名稱為何？

6. C 語言陣列的宣告為

　　int a[3][2]={{1, 2}, {3, 4}, {5, 6}};

表示每個變數的初值為何？

7. 字串 s[20] 要如何宣告？其能存幾個字元？字串最後加一個數值為何，表示此字串的結束？

8. 在程式內，‘A’、“A”、‘AB’、“AB”表示甚麼意思？

9. 寫出下列程式執行後的結果

(1) int i;

　　float sum=0, avg, a[10] ;

　　for(i=0 ; i<5 ; i++)

　　{

　　　　cout<<i;

　　　　cin>>a[i];

　　　　sum=sum+a[i];

　　}

　　avg=sum/5;

　　sum=0;

　　for(i=0 ; i<5 ; i++)

　　{

　　　　a[i]=pow((a[i]-avg), 2);

　　　　sum+=a[i];

　　}

　　cout<<sum;

請問：輸入 1，2，3，4，5；輸出為何？

(2)　int i, f[30];

　　　f[0]=0;

　　　f[1]=1;

　　　for(i=2 ; i<5 ; i++)

　　　　f[i]=2*f[i-1]-f[i-2];

　　　for(i=0 ; i<5 ; i++)

　　　　cout<<f[i]<< "," ;

　　請問：輸出為何？

(3)　int i, n, n0=0, n1=0, n2=0, a[100];

　　　cout<< "輸入 n" ;

　　　cin>>n;

　　　for(i=0 ; i<n ; i++)

　　　{

　　　　cin>>a[i];

　　　　if(a[i]!=0&&a[i]!=1&&a[i]!=2)i--;

　　　}

　　　for(i=0 ; i<n ; i++)

　　　　if(a[i]= =0)n0++;

　　　　else if(a[i]= =1)n1++;

　　　　else n2++;

　　cout<<n0<< "," <<n1<< "," <<n2;

　　若輸入 5，1，2，3，0，4，1，2；請問：輸出為何？

(4)　int i, n, a[100];

　　　int hist[5]={0};

　　　for(i=0 ; i<5 ; i++)

　　　{

　　　　cin>>a[i];

　　　　if(a[i]>4 || a[i]<1)i--;

　　　}

　　　for(i=0 ; i<5 ; i++)

　　　　hist[a[i]]++;

　　　for(i=0 ; i<5 ; i++)

　　　　cout<< hist[i]<< "," ;

　　若輸入 1，2，3，4，5，3，2；請問：輸出為何？

(5)　int i, n, x;

　　int a[6]={1, 6, 8, 4, 9, 5};

　　cin>>x;

　　for(i=0 ; i<6 ; i++)

　　　　if(2*x= =a[i])break;

　　if(i<6)cout<<x<<"有";

　　else cout<<x<<"沒有";

　　若分別輸入 1，2，3，0：請問：輸出各為何？

(6)　int i, x, left, middle, right;

　　int a[6]={1, 3, 5, 7, 9, 11};

　　left =0;

　　right =5;

　　middle=(left + right)/2;

　　cin>>x;

　　while(left<right)

　　{

　　　　if(x+1<a[middle]) right=middle-1;

　　　　else if(x+1>a[middle]) left=middle+1;

　　　　else break;

　　}

　　if(left>= right)cout<<"找不到";

　　else cout<< middle;

　　若分別輸入 2，5，6，7：請問：輸出各為何？

(7)　int i;

　　char s[100]="abcde";

　　for(i=0 ; s[i]!= '\0' ; i+=1);

　　cout<<i;

請問：輸出為何？

(8)　int i, sum=0;

　　char s[100]="123abcde567";

　　for(i=0 ; s[i]!= '\0' ; i++)

　　　　if(s[i]>= '0' &&s[i]<= '5')sum++;

　　cout<<sum;

　　請問：輸出為何？

(9) int i, sum=0;

　　char s[100]= "1231131514103";

　　for(i=2 ; s[i]!= '\0' ; i++)

　　　if(s[i-2]= = '1' && s[i]= = '3')sum++;

　　cout<<sum;

　　請問：輸出為何？

10. 寫程式

(1) 輸入 n 個數值，將它們存入陣列中，再將它們由小到大排列好

(2) 輸入 n 個數值，將它們存入陣列中，再輸入一數值，問此數值是否在此陣列內

(3) 輸入 n 個已排序好的數值，再輸入一數值，用二元搜尋法搜尋此數值是否在此陣列內

(4) 輸入 n 個數值，將它們存入陣列中，再將它們前後對調後印出，如陣列 {1, 2, 3, 4} 變成 {4, 3, 2, 1} 印出

(5) 輸入一 6×8 的陣列，找出其最大值，最小值，總和，平均值

(6) 輸入一 6×8 的陣列，找出其每個橫向總和，每個縱向總和

(7) 輸入一 6×8 的陣列，其值為 0 或 1，找出 0 有幾個？1 有幾個？$\begin{bmatrix} 0 \\ 1 \end{bmatrix}$ 形狀有幾個？$[0\ \ 1]$ 和 $\begin{bmatrix} 0 \\ 1 \end{bmatrix}$ 形狀有幾個？$\begin{bmatrix} 1 & 1 & 0 \\ x & 1 & 0 \\ 0 & x & 1 \end{bmatrix}$ 形狀有幾個？

Chapter **7** 函數

　　有時候我們在寫程式時，(1) 若某個程式片段會重複出現多次（或只是一些數據不同而已），我們就可以將相同的部分寫成函數（Function）的形式，並將它取個名字，則我們只要寫一份即可，若要使用時，我們再呼叫此函數的名字，電腦就會跳到函數的本體去執行，執行完後再回到原來的位置繼續往下執行；或 (2) 若我們的程式很長，也可以將它分割成多個片段，每一片段以函數表示，這樣主程式就不會太長了。

　　main( ) 的函數通常稱為主函數（見下圖），C 語言是由主函數內的第一個敘述開始執行起，主函數可呼叫其他的函數（稱為「函數 1」），函數 1 也可再呼叫函數 2，函數 2 做完後回到函數 1 呼叫它的位置繼續往下執行，函數 1 做完後回到主函數呼叫它的位置繼續往下執行，一直到主函數執行完後，整個程式才叫執行完畢。

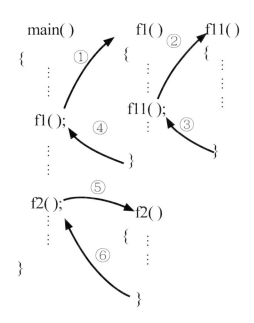

　　函數可分為二種，一是前面已介紹過的庫存函數（Library Function），它是「整合開發環境（IDE）」已經寫好的函數，使用者可以直接拿來使用；一是使用者自行定義的函數（User-defined Function），它是使用者依自己的需求所寫出

來的程式。本章將介紹使用者自定義函數。

7.1 使用者自定函數

■使用者自定函數的方式如下：

　　資料型態 函數名稱（資料型態 參數 1, 資料型態 參數 2, …）

　　{

　　　　變數宣告

　　　　函數本體

　　　　return 傳回值;

　　}

例如：　int fun(int a, float b) // 後面不可有分號

　　{

　　　　int x, y, z; // 函數內使用到的變數要宣告

　　　　　　⋮　// 函數本體

　　　　return x; // 傳回值

　　}

說明：(1) 資料型態：函數做完後，可能需要傳回一個值，以便讓呼叫它的程式使用，此傳回值的資料型態要在函數名稱的前面宣告。若函數做完後，不傳回任何值，則要宣告成 void（它的意思是「無」）。

　　　　註：此例的傳回值是 x（即是最後一行的 return x），而 x 宣告成 int，所以函數 fun 也要宣告成 int。

　　(2) 函數名稱：它的命名方式與變數的命名方式相同。

　　　　註：此例的函數名稱是 fun。

　　(3) 參數：呼叫者可以利用參數將資料傳到函數內，以供函數使用，這些參數也要宣告，參數的名稱可以和呼叫者的變數名稱相同，也可以不同。若函數沒有參數，要加上 void。

　　　　註：此例有二個參數，分別是 a、b，也分別宣告成 int 和 float。

　　(4) 函數本體：函數內所使用到的變數也要宣告，函數內的變數名稱也可以和呼叫者內所使用到的變數名稱相同，但它們是獨立的變數，彼此間沒有任何的關連（好像是相同姓名的二個不同的人）。

　　(5) return 傳回值：當函數執行遇見 return 或執行到最後一行時，就會跳回呼叫它的函數，若函數要將資料傳回給呼叫它的程式時，要用

　　　　　　　　　　　return 傳回值;

來傳。

　　註：此例是 return x。

(6) 函數若有傳回值，此傳回值的資料型態要和函數名稱前的資料型態同。

　　註：此例傳回值是 x，它宣告為 int，所以函數 fun 也要宣告成 int。

(7) 有些編譯器會要求：函數要在 main( ) 前宣告，即將函數的第一行刪去參數後，拷貝到 main( ) 前，最後再加一分號 (;)。此例為：

```
int fun(int, float);
```

(8) 若函數宣告成 int, float, ……時，主程式的函數名稱就是此傳回值。

例如：

```
main( )
{    ⋮
     cout<< f( );
        ⋮
}
int f( )
{    ⋮
     return 5;
}
```

此時主程式的 f( ) 即為 5。

範例 1 　印出 1 + 2 + ⋯ + 20、2 + 3 + 4 + ⋯ + 30、7 + 8 + 9 + ⋯ + 40 之值。

做法：用函數來寫，相加部分寫成函數。

程式：

```
#include<iostream.h>
void add(int, int); // 有些編譯器需加此行
void main(void)
{
    add(1, 20);//add 是函數名稱，將參數 1 和 20 傳給函數
    add(2, 30);
    add(7, 40);
}
void add(int x, int y) // 函數 add( ) 沒有傳回值，有二個整數
```

　　　　　　　　// 參數，分別為 x 和 y

　　{

　　　　int i, sum=0; // 函數內使用到的變數要宣告

　　　　for(i=x ; i<=y ; i++)

　　　　　　sum=sum+i;

　　　　cout<<x<< "加到" <<y<< "的結果為" <<sum<<endl;

　　　　return; // 沒有傳回值

　　}

驗算：輸入：沒有輸入

　　　印出：1 加到 20 的結果為 210

　　　　　　2 加到 30 的結果為 464

　　　　　　7 加到 40 的結果為 799

說明：(1) 程式由 main( ) 的第一個敘述開始執行，此題它呼叫 3 次 add( ) 函數；

　　　(2) 因此題沒有傳回值，add( ) 函數內的 return 敘述可省略，也就是執行到函數最後一行後，就會回到主程式去；

　　　(3) add(1, 20) 會將 1 傳給 add 函數的變數 x（即 x=1），20 傳給 add 函數的變數 y（即 y=20），之後再執行函數 add 的內容，其會印出 1 加到 20 的結果為 210。

　　　(4) 印完後，函數做完，會再回到主程式，接著往下做（即做 add(2, 30) 和 add(7, 40)。

　　　(5) 本題也可以在主程式內列印資料，其寫法為：

```
#include<iostream.h>
int add(int, int);
void main(void)
{
    cout<< "1 加到 20 的結果為：" <<add(1, 20)<<endl;
    cout<< "2 加到 30 的結果為：" <<add(2, 30)<<endl;
    cout<< "7 加到 40 的結果為：" <<add(7, 40)<<endl;
}
int add(int x, int y) // 此資料型態要和 sum 同
{
    int i, sum=0;
    for (i=x ; i<=y ; i++)
        sum=sum+i;
```

　　　　　　return sum; //sum 的資料型態要和 add(⋯) 同

　　　　　}

說明：(1) 主程式的函數名稱 add(1, 20)，add(2, 30)，add(7, 40) 就是

　　　　　　return sum;

　　　　的 sum 值

　　(2) 函數 add(int x, int y) 的宣告要和傳回值 sum 的宣告同，此例均為 int。

範例 **2**　輸入費比數列的項數，印出其值，若輸入的項數為負數，才結束執行〔費比數列為 0、1、1、2、3、5、8⋯（後一項為前二項的和）〕

```
#include<iostream.h>
int f(int); // 有些編譯器需加此行，求費比數列
void main(void)
{
    int x;
    cin>>x;
    while(x>=0) //x ≥ 0，才要做輸出的動作
    {
        cout<<f(x);
        cin>>x;
    }
    cout<< "結束此程式";
}
int f(int a) // 函數 f( ) 要傳回一整數值，且有一個整數參數
{
    int i, g[200];
    g[0]=0;
    g[1]=1;
    for(i=2 ; i<=a ; i++)
        g[i]=g[i-1]+g[i-2];
    return g[a]; //g[a] 的資料型態 (int) 要和 f(int a) 同
}
```

驗算：(1) 輸入：5　　印出：5

　　(2) 輸入：-1　　印出：結束此程式

說明：(1) 函數 f 做完後，會傳回一個整數值（即為 g[a]），之後回到主程式，此
　　　　時主函數 f(x) 的內容即為 g[a]，再將 f(x) 印出〔即 cout<<f(x)〕

　　　(2) 函數 f 有一個參數，主程式的 f(x) 會將 x 值傳給函數 f(int a) 的 a，此時
　　　　a 的內容即為 x 的值。

　　　(3) 函數做完後，將結果（存在 g[a] 內）利用 return g[a]; 傳回給呼叫它的
　　　　函數。

範例 3　輸入任一大於 2 的偶數，求它可表示成哪 2 個質數之和

做法：判斷是否為質數的程式寫成函數

程式：
```cpp
#include<iostream.h>
int prime_no(int); // 檢查參數是否為質數
void main(void)
{
  int x, i;
  do     // 輸入值非偶數或小於等於 2 時，重新輸入
  {
    cout<< "輸入一值" ;
    cin>>x;
  }while(x%2!=0 || x<=2);
  for(i=2 ; i<=x/2 ; i++)
    if(prime_no(i)= =0&& prime_no(x-i)= =0)break; // 找到了
  if(i<=x/2) // 由 break 跳出，表示找到了
    cout<<x<< "可表示成" <<i<< "和" <<x-i<< "2 質數和";
  else
    cout<< "找不到 2 個質數之和" ; // 不可能跑到這裡
}
int prime_no(int a) // 函數的資料型態為 int
{
  int i;
  for(i=2 ; i<=a/2 ; i++)
    if(a%i= =0)return(1); // 傳回 1，表示 a 有因數
  return(0);  // 傳回 0，表示 a 沒有因數，即為質數
}
```

驗算：輸入：20　印出：3, 17

7.2 函數的參數傳遞方式

■ C 語言函數的參數傳遞方式有兩種：

一、傳值法（Call by value）

呼叫者將「參數值」傳給函數後，當函數改變此參數值時，呼叫者程式相對於此參數的值還是不變，也就是呼叫者將數值傳給函數後，彼此間就無關連了。前面所介紹的程式均為傳值法，如上例的印出費比數列的項數等。下例中，若函數 f( ) 改變其參數值 aa 時，主程式的 a 值還是不變。

```
main( )                    int func(int aa)
{                          {
   ⋮                          ⋮
   func(a);                   aa++;  //aa 值被改掉
   //a 的值還是沒改          }
}
```

二、傳址法（Call by address）

呼叫者將參數的「位址」傳給函數，函數內的運算就直接在此位址上進行，所以當函數改變此位址的內容時，呼叫者程式相對於此參數的值亦跟著改變。（下段程式為「示意圖」，真實寫法並非如此寫）

```
main( )              int func(int 位址內的變數 aa)// 舉例說明而已，
{                    {                           // 非如此寫
   ⋮                    ⋮
   func(a 的位址 );     位址內的變數 aa++; //aa 值被改掉
   //a 的值也被改掉了  }
}
```

■ 要用傳址法來傳遞參數時，呼叫者要將位址傳給函數，底下介紹二個符號，它們可以用來表示「位址」和「位址的內容」。

1. &:「&（變數）」表示此變數所在的位址。例如：&(x) 表示變數 x 在記憶體內的位址。如下圖，x=8，&(x)=101

2. *:「*（位址）」表示此位址的內容。例如：*(100) 表示在位址 100 的內容，下圖中，其值為 *(100)=5。

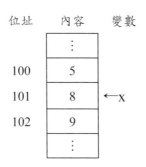

位址	內容	變數
	⋮	
100	5	
101	8	←x
102	9	
	⋮	

■ 所以要用傳址法來傳送參數時，呼叫者要傳送參數所在的位址給函數（也就是變數前要加 &），而函數的參數收到的是位址，其在宣告時，要宣告此位址的內容為何種資料型態（也就是此時傳過來的參數為位址，其前要加 *，表示此位址的內容，才能宣告）。上面的傳址法程式為示意程式，正確寫法是：

```
main( )                        int func(int *aa) // aa 是位址，加一個 * 號，
{                              {                  // 表示位址內的值
   ⋮                              ⋮
   func(&a); // 傳位址              *aa++; // 變數用 *aa 表示，*aa 值被改掉
   //a 的值也被改掉了            }
}
```

註：&(x) 表示變數 x 所在的位址，此位址也可以存在一個變數內，如：

ptr = &(x)

此時 ptr 稱為指標 (pointer)，指到變數 x 的位址。指標也分為指標變數和指標常數。

範例 4 寫一個程式，將輸入的二個數值互換（用函式來做）。

做法：使用傳址法來做

程式：
```
#include<iostream.h>
void swap(int *, int *); // 傳來的值是位址，加一個 *，表示位址的值是 int
void main(void)
{
  int x, y;
  cin>>x>>y;
  swap(&x, &y);// 傳址法，傳變數 x 和 y 的位址，分別為 &x 和 &y
  cout<<x<< "," <<y;
}
```

```
void swap(int *px, int *py)//px, py 是位址，其內的值是整數
{
    int temp;
    temp=*px;
    *px=*py;
    *py=temp;
}
```

說明：(1) 若使用者從鍵盤上輸入 2, 3，表示 x=2, y=3，它們呼叫函數 swap( ) 時，swap( ) 會將 *px 和 *py 的內容互換，所以印出來的結果為 3, 2。

(2) 若將上述程式改寫成：

```
#include<iostream.h>
void swap(int, int); // 傳值法
void main(void)
{
    int x, y;
    cin>>x>>y;
    swap(x, y);// 傳值法，將變數 x 和 y 的值傳給參數
    cout<<x<< "," <<y;
}
void swap(int a, int b) // 傳值法
{
    int temp;
    temp=a;
    a=b;
    b=temp;
}
```

說明：若使用者從鍵盤上輸入 2, 3，表示 x=2, y=3，因 swap( ) 是用傳值法將 2, 3 傳給函數，也就是 a=2, b=3，等 swap( ) 做完後，a 變成 3，b 變成 2，但主程式 x, y 值還是不變，所以印出來的結果還是 2, 3。

> ■一個函數的參數可以同時有傳值法和傳址法，它全看變數前面是否有加一個 & 符號，例如：
>
>   ：

```
x=f(a, b, &x, &y);
        :
int f(int aa, int bb, int *px, int *py)
{
            :
}
```

此程式的 a、b 是傳值法，x、y 是傳址法。

範例 5 寫一個程式，解二元一次聯立方程式，即輸入 a1, b1, c1, a2, b2, c2，求

$a_1x + b_1y = c_1$，$a_2x + b_2y = c_2$ 的 x, y 解。

做法：(1) 其解為：

(a) 若 $a_1b_2 - a_2b_1 \neq 0$，則 $x = \dfrac{c_1b_2 - c_2b_1}{a_1b_2 - a_2b_1}$，$y = \dfrac{a_1c_2 - a_2c_1}{a_1b_2 - a_2b_1}$

(b) 若 $a_1b_2 - a_2b_1 = 0$，則

    (i) 若 $c_1b_2 - c_2b_1 = 0$，則有無窮多解

    (ii) 否則為無解

(2) 練習使用傳址法加上傳值法來做

程式：
```cpp
#include<iostream.h>
int fun(float, float, float, float, float, float, float *, float *);
void main(void)
{
    float a1, b1, c1, a2, b2, c2, x, y;
    int d;
    cin>>a1>>b1>>c1;
    cin>>a2>>b2>>c2;
    d=fun(a1, b1, c1, a2, b2, c2, &x, &y);
    if(d= =1)
     cout<< "解為 x=" <<x<< ", y=" <<y;
    else if(d= =2) cout<< "無窮多解" ;
    else
     cout<< "無解" ;
}
int fun(float a1, float b1, float c1, float a2, float b2, float c2, float *px, float *py)
```

```
        {
         if(a1*b2 - a2*b1!=0)
         {
            *px=(c1*b2 - c2*b1)/(a1*b2 - a2*b1);
            *py=(a1*c2 - a2*c1)/(a1*b2 - a2*b1);
            return 1; // 傳回 1，表示有一解
         }
         else if(c1*b2 - c2*b1= =0) return 2; // 傳回 2，表示無窮多解
         else
            return 0; // 傳回 0，表示無解
        }
```

驗算：(1) 輸入：2 3 5 3 -2 1　印出：解為 x=1, y=1

　　　(2) 輸入：2 4 5 1 2 1　印出：無解

　　　(3) 輸入：1 2 3 2 4 6　印出：無窮多解

說明：(1) 此程式的 a1, b1, c1, a2, b2, c2 是用傳值法傳；而 x, y 是用傳址法傳；

　　　(2) 若有一解，fun( ) 會傳回 1；若無解，fun( ) 會傳回 0；若無窮多解，
　　　fun( ) 會傳回 2；

　　　(3) 因 a1, a2, b1, b2 宣告為浮點數，由於有截斷誤差 (Truncation Error)，
　　　a1*b2-a2*b1 可能會有一個很小的誤差值，所以 if(a1*b2-a2*b1!=0) 要改
　　　寫成

　　　　　if(fabs(a1*b2-a2*b1)>0.0001)

　　　而 if(c1*b2-c2*b1= =0) 要改成

　　　　　if(fabs(c1*b2-c2*b1)<0.001)

　　　會比較保險一點，此時程式前面要加上

　　　　　#include<math.h>

7.3 變數的種類

■變數的宣告因其放置的位置不同，可分為區域變數（Local Variable）和全域
變數（Global Variable）二種。

(1) 區域變數：在函數內宣告的變數稱為區域變數，上面所有例子的變數均為
區域變數，它只有在該函數內才是有效的變數，不同的二個函數可宣告相
同變數名稱的變數，但它們二者是互不相干的二個變數，就如同二個相同
名字的人一樣。

例如：main( )
```
{
    int i, j, k; // 只在 main( ) 內有效
        ⋮
}
fun( )
{
    int i, j;   // 只在 fun( ) 內有效
    k=i+j;  //k 沒有宣告，編譯時會出錯
        ⋮
}
```

說明：(a) main( ) 函數內宣告的變數 i, j 和 fun( ) 函數內宣告的變數 i, j，沒有任何的關聯，只是名字相同而已；

(b) fun( ) 函數內的變數 k 因沒有宣告，編譯時會出現錯誤，即它不能使用別的函數所宣告的變數，要自己宣告。

(2) 全域變數：宣告在函數外的變數稱為全域變數，在它下面的函數都可不用再宣告，直接使用此變數。

例如：
```
int a, b;
main( )
{
    int i, j;
        ⋮
}
int c, d;
fun( )
{
    int x, y;
        ⋮
}
int f, g;
gun( )
{
    int z;
```

```
              :
          }
```

說明：(a) 變數 a, b, c, d, f, g 為全域變數，變數 i, j, x, y, z 為區域變數

(b) 函數 main( ) 可使用 a, b, i, j 變數（使用在它上面的全域變數）；

(c) 函數 fun( ) 可使用 a, b, c, d, x, y 變數（使用在它上面的全域變數）；

(d) 函數 gun( ) 可使用 a, b, c, d, f, g, z 變數。

範例 6 用全域變數改寫解二元一次聯立方程式

程式：
```
#include<iostream.h>
#include<math.h>
int fun( ); // 求二元一次聯立方程式的解
float a1, b1, c1, a2, b2, c2, x, y; // 全域變數
void main(void)
{
  cin>>a1>>b1>>c1;
  cin>>a2>>b2>>c2;
  if(fun( )==1)
    cout<< "解為 x=" <<x<< ： "y=" <<y;
  else if(fun( )==2) count<< "無窮多解";
  else
    cout<< "無解" ;
}
int fun(void)
{
 if(fabs(a1*b2-a2*b1)>0.0001)
 {
   x=(c1*b2-c2*b1)/(a1*b2-a2*b1);
   y=(a1*c2-a2*c1)/(a1*b2-a2*b1);
   return 1; // 傳回 1，表示有解
 }
 else if(fabs(c1*b2 - c2*b1)<0.0001) return 2; // 傳回 2，表無窮多解
   return 0; // 傳回 0，表示無解
}
```

驗算：同例 5

說明：變數只要宣告在函數外面，其下的函數均可直接使用此變數。

■靜態變數（Static Variable）：當函數被呼叫後，系統才會將記憶體位置分配給其區域變數，當此函數執行完畢跳回呼叫它的函數時，這些區域變數的記憶體就會被系統收回去，也就是原先存放在區域變數的資料會消失不見。

■若程式設計師要保留區域變數的資料，可將這些區域變數宣告成「靜態變數」，其宣告方式為：

　　　static 資料型態 變數名稱;

也就是宣告前面多加一個 static，此時函數執行完畢跳回呼叫它的函數時，這些靜態變數的記憶體還是保留著，記憶體內的值也是保留著。

範例 7　印出下列程式的輸出結果

程式：
```
#include<iostream.h>
void abc( );        //練習區域變數、靜態變數和全域變數
int z=20;           //全域變數
void main(void)
{
    int i;
    for(i=0 ; i<2 ; i++)abc( );   //函數 abc( ) 做 2 次
}
void abc(void)
{
    int x=0;        //區域變數
    static int y=10;  //靜態變數
    cout<<x++<<"," ;       //先印出 x，x 再加 1
    cout<<y++<<"," ;       //先印出 y，y 再加 1
    cout<<++z<<"," ;       //z 先再加 1，再印出 z
    cout<<(x++)+y<<"," ;   //先印出 x+y，x 再加 1
    cout<<x+y++<<"," ;     //先印出 x+y，y 再加 1
    cout<<++x+z<<"," ;     //x 先再加 1，再印出 x+z
}
```

驗算：輸入：不用輸入

印出：0, 10, 21, 12, 13, 24, 0, 12, 22, 14, 15, 25,

說明：其原因是：

(1) x 是區域變數，只有在 abc( ) 函數內才有定義，每次執行 abc( ) 函數，x 值都會重新設定（即做 x=0）；

(2) y 是靜態變數，只有在 abc( ) 函數內才有定義，每次執行 abc( ) 函數，y 值都會接著上次的 y 值繼續做下去；

(3) z 是全域變數，main( ) 和 abc( ) 函數，都可使用它，此變數會一直存在著，直到程式執行完。

第七章習題

1. 解釋名詞

   (1) 庫存函數　　(2) 使用者自行定義的函數　　(3) 參數

   (4) 傳值法　　(5) 傳址法　　(6)「&(變數)」　(7)「*（位址）」

   (8) 區域變數　　(9) 全域變數　　(10) 靜態變數

2. C 語言函數可分為二種？

3. 若函數要將資料 a 傳回給呼叫它的程式時，要如何做？

4. 函數若有傳回值，則呼叫者的函數名稱和此傳回值有何關係？

5. C 語言函數參數的傳遞方式哪有兩種？

6. *（位址）的意思為何？，&（變數名稱）的意思為何？

   如下圖，*(500)= ? *(501)= ? &(x)= ? &(y)= ? x= ? y= ?

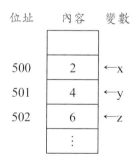

7. 變數的宣告因其放置的位置不同，可分為哪二種？

8. 寫出下列程式執行後的結果

   (1) void main(void)

   {

   cout<<add(1, 5)<<endl;

```
        cout<<add(2, 6)<<endl;
        cout<<add(3, 7)<<endl;
    }
    int add(int x, int y)
    {
        int i, sum=0;
        for(i=0 ; i<=y-x ; i++)
            sum=sum+i;
        return sum;
    }
```

　　請問輸出為何？

(2) void main(void)

```
    {
        int x;
        cin>>x;
        while(x>=0)
        {
            cout<<f(x);
            cin>>x;
        }
        cout<< "結束" ;
    }
    int f(int a)
    {
        int i, g[200];
        g[0]=1;
        g[1]=2;
        for(i=2 ; i<=a ; i++)
            g[i]=2*g[i-1]-g[i-2];
        return g[a];
    }
```

　　請問：分別輸入 3，4，5，-1；輸出為何？

(3) void main(void)

```
    {
```

```
        int x;
        cin>>x;
        for(i=2 ; i<=x/2 ; i++)
          if(fun(i)= =1&& fun(x-i)= =1)break;
        if(i<=x/2)
          cout<<i<< " , " <<x-i ;
        else
          cout<<x;
    }
    int fun(int a)
    {
        int i;
        for(i=2 ; i<=a/2 ; i++)
          if(a%i= =0)return(1);
        return(0);
    }
```

請問：分別輸入 4，5，6；輸出為何？

(4) void main(void)

```
    {
        int x, y;
        cin>>x>>y;
        swap(x, &y);
        cout<<x<< "," <<y;
    }
    void swap(int px, int *py)
    {
        int temp;
        temp=px;
        px=*py;
        *py=temp;
        cout<<px<< "," <<*py;
    }
```

請問：輸入 1，2 和 3，4；輸出為何？

(5) void main(void)

```
    {
       int a, b, c, x, y;
       cin>>a>>b>>c;
       fun(a, b, &c, &x, &y);
       cout<<a<< "," << b<< "," << c<< "," << x<< "," << y;
    }
    int fun(int aa, int bb, int *cc, int *px, int *py)
    {
       if(aa+bb!=*cc)
       {
         *px=aa+bb+*cc；
         *py=aa+bb+*cc；
         *cc=aa+bb;
         aa=0;
         bb=0;
       }
       else
       {
         *px=0；
         *py=0；
         *cc=1;
         aa=2;
         bb=3;
       }
       cout<<aa<< "," <<bb<< "," <<*cc<< "," <<*px<< "," <<*py;
    }
```

請問：分別輸入 1，2，3 和 4，5，6；輸出為何？

(6) float a, b, x, y;

```
    void main(void)
    {
       cin>>a>>b;
       if(fun( )==1)
         cout<< "x=" <<x<< "y=" <<y;
       else
```

```
      cout<< "y=" <<y<< "x=" <<x;
   }
   int fun(void)
   {
      if((a>b)
      {
         x=a+b；
         y=a-b；
         return 1;
      }
      else
      {
         x=a-b；
         y=a+b；
         return 0;
      }
   }
```
請問：分別輸入 2，3 和 4，3；輸出各為何？

(7) int z=10;
```
   void main(void)
   {
      int i;
      for(i=0 ; i<3 ; i++)abc( );
      cout<<z++<<endl;
   }
   void abc(void)
   {
      int x=5;
      static int y=8;
      cout<<(x++)+y<< "," ；
      cout<<x+y++<< "," ；
      cout<<++z+x<< "," ；
   }
```
請問輸出各為何？

9. 寫程式

    (1) 找出前 100 個質數

    (2) 輸入 n, r，求其組合係數 $C(n, r) = \dfrac{n!}{r! \cdot (n-r)!}$

Chapter **8** 檔案處理

　　有時候我們需要將程式執行的結果存到（寫入）檔案內，或程式要從檔案內讀取資料，此時就要用本章的方法來做。

　　程式內在處理檔案的動作常見的有：

(1) 讀取部分（read）：

(A) 開啟（open）檔案：讀取檔案前要先打開欲讀取的檔案，

(a) 若此檔案已存在「工作的資料夾」內，系統會傳回「指到此檔案的指標（以下簡稱檔案指標）」，它是一個非負的整數，以後程式設計師要用此「檔案指標」來讀取此檔案；若程式設計師同時開啟多個檔案，系統會傳回不同的「檔案指標」來讀取不同的檔案；

(b) 若讀取的檔案不存在「工作的資料夾」內，有些「開啟」指令會先產生一個新檔案，再開啟；有些系統會傳回一錯誤訊息，程式設計師要判斷是否讀取成功，若沒讀成功，要查看哪裡出錯。

(B)「讀寫頭」：

(a) 每個開啟的檔案，都有一個「讀寫頭」，檔案內的資料，是從「讀寫頭」處讀取；

(b) 開啟（open）檔案時，「讀寫頭」是指在檔案的第一個位置上。

(c) C 語言有提供一些指令可以讓程式設計師移動「讀寫頭」，移到想要的位置讀取資料。

(C) 讀取檔案的內容：

(a) 程式從「讀寫頭」位置讀取檔案內容，讀取完後「讀寫頭」會自動移到下一筆未被讀取的資料上，所以若要依序讀取多筆資料，就直接連續讀取即可；

(b) 但若要跳位置讀取其他的資料，就要先利用移動「讀寫頭」的指令，將「讀寫頭」移動到想要的位置，再讀取。

(2) 寫入部分（write）：

(A) 建立（creat）或開啟（open）檔案：要先開啟欲讀取的檔案：

(a) 若欲寫入的檔案不在工作的資料夾內：

要用「建立（creat）」檔案指令來建立一個新檔案，之後系統會自動開啟此檔案，系統再傳回代表此檔案的「檔案指標」；

(b) 若欲讀取的檔案已存在工作的資料夾內：

要用「開啟（open）檔案」指令打開欲讀取的檔案；若用「建立（creat）檔案」指令打開欲讀取的檔案，則原先在此檔案內的資料會全部被刪掉。

(c) 有些系統的「開啟」檔案指令，若該檔案不在工作的資料夾內，它會先建立一新檔案，再開啟此檔案。

(B) 寫入檔案：

程式從「讀寫頭」位置寫入內容，寫入完後「讀寫頭」會自動移到下一個位置上。

(3) 讀取完或寫入完後的動作：

(a) 讀取完或寫入完後，要利用「關閉（close）」指令把系統分配給程式的「檔案指標」歸還給系統，以便系統可以將此「檔案指標」再分配給其它檔案使用；

(b) 程式執行完後系統也會將分配給該程式的「檔案指標」收回。

C 語言提供二組檔案處理的函數，分別是：

(1) open，creat，read，lseek，write，close 等函數；

(2) fopen，fread，fwrite，fseek，fclose 等函數。

使用者要選擇其中一組來使用，不可混用，由於 ANSI 標準已不再包括第 (1) 組的作法，因此本書將只介紹第 (2) 組的用法。

註：為了增強程式的「可移植性」（程式在不同機器或不同作業系統下，亦可執行），C 語言整合開發環境（IDE）內定義一些數值，有：

(1) NULL 是一個空的指標，它的值通常被定義為 0。

(2) EOF 是已讀到檔案最後位置，沒資料可讀，它的值通常被定義為 (-1)。

(3) size_t，它是資料形態，因系統的不同，它可能是 unsigned int 或 unsigned long。

(4) FILE，它是資料形態，其操作對象為檔案。

(1) fopen( ) 函數

■用法：FILE *fopen (const char *filename, const char *mode)

■說明：(a) filename – 它是要開啟的檔案名稱。

(b) mode – 它是要如何開啟此檔案。它包括有：

mode	說明	讀寫頭位置
r	用於讀取	檔案起點
w	用於寫入（如果文件不存在，則新建一文件），刪除文件原本內容並重新寫入（同create動作）	檔案起點
a	用於從檔案最後接著寫入（如果文件不存在，則新建一文件）	檔案末尾
r+	用於讀寫	檔案起點
w+	用於讀寫，刪除文件內容並重新寫入。	檔案起點
a+	用於讀寫（如果文件存在，則從最後寫入）	檔案末尾

註：由上可知，若檔案不存在，此開啟指令會先建立一個新檔案。

■ 傳回值：若開啟成功，這個函數會傳回指到此檔案的指標，之後就用此檔案指標來存取此檔案；

　　　　　否則，將傳回 NULL。

■ 範例：#include <iostream.h>

　　　　void main(void)

　　　　{

　　　　　FILE *fpt;

　　　　　fpt = fopen（"file.txt"，"r"）;

　　　　　　// 開啟 file.txt 檔案，用於讀取

　　　　　if(fpt!=NULL)cout<<"開啟成功"; //NULL 定義在 iostream.h 內

　　　　　else cout<<"開啟失敗";

　　　　}

(2) fclose( ) 函數

　　■用法：int fclose(FILE *stream)

　　■說明：關閉 stream 所指到的檔案。

　　■傳回值：若關閉成功，這個函數會傳回 0；

　　　　　　否則，將傳回 EOF。

　　■範例：#include <iostream.h>

　　　　　void main(void)

　　　　　{

　　　　　FILE *fpt;

　　　　　int a;

　　　　　fpt = fopen（"file.txt"，"w"）; // 開啟 file.txt 用於寫入

　　　　　a=fcolse(fpt); // 關閉 fpt 所指到的檔案

　　　　　if(a!=EOF)cout<<"關閉成功"; //EOF 定義在 iostream.h 內

else cout<<"關閉失敗";

　　　　}

(3) fread( ) 函數

　　■用法：size_t fread(void *ptr, size_t size, size_t nmemb,

　　　　　　　　　　FILE *stream)

　　■說明：(a) ptr：這是一個指標，指到欲讀出的資料的位址上。

　　　　　　(b) size：表示讀取的資料，一筆資料是幾個位元組。

　　　　　　(c) nmemb：表示要讀取幾筆資料。

　　　　　　(d) stream：要讀取 stream 所指到的檔案內容。

　　　　　　(e) size_t：是資料型態，它定義在 iostream.h 內

　　■傳回值：這個函數會傳回讀取的資料筆數，如果這個數字不同於 nmemb
　　　　　　參數，表示讀取時發生錯誤或已到達檔案的末尾。

　　■範例：#include <iostream.h>

　　　　　void main(void)

　　　　　{

　　　　　　FILE *fpt;

　　　　　　int i, a[10]，b;

　　　　　　fpt = fopen("file.txt","r");

　　　　　　fread(a, 10, sizeof(int), fpt);

　　　　　　//讀取10個整數值，存入陣列a內，其中陣列名稱a為一指標常數,

　　　　　　fread(&b, 1, sizeof(int), fpt); //&b 為一指標常數，不能更改其值

　　　　　　　// 接著讀取 1 個整數值，存入變數 b 內

　　　　　　fclose(fpt);

　　　　　}

(4) fwrite( ) 函數

　　■用法：size_t fwrite(const void *ptr, size_t size, size_t nmemb,

　　　　　　　FILE *stream)

　　■說明：(a) ptr：這是一個指標，指到欲寫入的資料的位址上。

　　　　　　(b) size：表示欲寫入的資料，一筆資料是幾個位元組。

　　　　　　(c) nmemb：表示要寫入幾筆資料。

　　　　　　(d) stream：要讀取 stream 所指到的檔案內容。

　　■傳回值：這個函數會傳回寫入的資料筆數，如果這個數字不同於 nmemb 參
　　　　　　數時，表示寫入時發生錯誤。

　　■範例：#include <iostream.h>

```
void main(void)
{
    FILE *fpt;
    int i, a[10], b, c;
    char str[ ] = "This is a sample example"; //str 是指標常數
    fpt = fopen("file.txt", "w");
    c=fwrite(str, 1, sizeof(str), fpt); //sizeof (str) 表示字串 str 的長度
        // 將字串 str 的內容寫入檔案 file.txt 內
    if(c!=sizeof(str))cout<<"寫入錯誤 \n";
    fclose(fpt);
}
```

(5) fseek( ) 函數

■用法：int fseek (FILE *stream, long int offset, int whence)

■說明：(a) stream：要移動 stream 所指到的檔案的讀寫頭。

　　　　(b) offset：根據第 3 個參數（whence）位置，移動 offset 個距離。

　　　　(c) whence：它是下列三個位置中的一個：

　　　　　　(i) SEEK_SET：檔案起始的位置，其值為 0

　　　　　　(ii) SEEK_CUR：讀寫頭目前的位置，其值為 1

　　　　　　(iii) SEEK_END：檔案最後的位置，其值為 2

（註：上面三個常數 SEEK_SET, SEEK_CUR 和 SEEK_END 的值均定義在 iostream.h 內）

例如：fseek (fpt, 0, SEEK_SET); // 讀寫頭移到檔案起始位置

　　　fseek (fpt, 10, SEEK_CUR); // 讀寫頭移到目前位置後 10 個

■傳回值：如果移動成功，會傳回 0，否則傳回非零值。

■範例：#include <iostream.h>

```
        void main(void)
        {
            FILE *fpt;
            int i, a[10], b;
            char str[ ] = "This is a sample example";
            char str1[ ]= "lseek example";
            fpt = fopen("file.txt", "w");
            fwrite(str, 1, sizeof(str), fpt);
                // 此時檔案 file.txt 內的資料為 This is a sample example
            fseek(fpt, 10, SEEK_SET ); // 讀寫頭移到從前面算起，第 10 個位置處
```

```
        fwrite(str, 1, sizeof(str1), fpt); // 從第 10 個位置開始寫起
        // 此時檔案 file.txt 內的資料為 This is a lseek example
        fclose(fpt);
    }
```

範例 1 輸入一串字存入檔案 file.txt 內，再將此檔案內容一個字元一個字元讀取出來，
若是數字 0-9，就捨棄，若是其他字元，則寫回 file1.txt 檔案內

程式：#include <iostream.h>

```
        void main(void)
        {
            FILE *fpt, *fpt1;
            int n;
            char str[100], a;
            fpt = fopen( "file.txt" , "w+" );
            fpt1 = fopen( "file1.txt" , "w" );
            cout<< "輸入一串字" ;
            cin>>str;
            fwrite(str, 1, sizeof(str), fpt);
            fseek(fpt, 0, SEEK_SET);
            n=fread(&a, 1, sizeof(char), fpt);
            while(n!=0)
            {
                if(a< '0' || a> '9' )fwrite(&a, 1, sizeof(char), fpt1);
                n=fread(&a, 1, sizeof(char), fpt);
            }
            fclose(fpt);
            fclose(fpt1);
        }
```

範例 2 若用掃描器將文件的資料掃成 bmp 圖檔，此 bmp 圖檔的前 54 個位元組是記錄
此 bmp 檔的一些相關資料，若是 Windows 作業系統，其資料如下表，寫一程式
讀取一圖檔，請問此圖檔是否為 bmp 圖檔，若是，則印出其解析度。

偏移量	大小	用途
0	2位元組	為BM二字元
2	4位元組	BMP檔案的大小（單位為位元組）
6	2位元組	保留
8	2位元組	保留
10	4位元組	點陣圖資料（像素陣列）的位址偏移，也就是起始位址。
14	4位元組	該頭結構的大小
18	4位元組	點陣圖寬度，單位為像素（有符號整數）
22	4位元組	點陣圖高度，單位為像素（有符號整數）
26	2位元組	色彩平面數；只有1為有效值
28	2位元組	每個像素所占位數，即圖像的色深。典型值為1、4、8、16、24和32
30	4位元組	所使用的壓縮方法。
34	4位元組	圖像大小。
38	4位元組	圖像的橫向解析度，單位為像素每米（有符號整數）
42	4位元組	圖像的縱向解析度，單位為像素每米（有符號整數）
46	4位元組	調色盤的顏色數，為0時表示顏色數為預設的$2^{色深}$個
50	4位元組	重要顏色數，為0時表示所有顏色都是重要的；通常不使用本項

程式：

```cpp
#include<iostream.h>
#include<string.h>
void main(void)
{
    int i;
    char filename[30];
    FILE *fptr;
    char id[2]; // 下面變數依序為 bmp 圖檔的前 54 個位元組資料
    long int filesize;
    short int reserve[2];
    long int headersize;
    long int infosize;
    long int width;
    long int height;
    short int planes;
    short int colorbits;
    long compression;
```

```
long imagesize;
long xresolution;
long yresolution;
long usecolor;
long importantcolor;

strcpy(filename, "pic.bmp"); // 資料存在 pic.bmp 內
if((fptr=fopen(filename, "r"))= =NULL) //NULL 值為 0
{
    cout<< "file not found.\n"; // 傳回 NULL，表示檔案不存在
    exit(1); // 結束程式的執行
}
fread(&id[0], 1, sizeof(char), fptr); // 依序讀取 54Byte 資料
fread(&id[1], 1, sizeof(char), fptr);
fread(&filesize, 1, sizeof(long int), fptr);
for(i=0 ; i<=1 ; i++)
    fread(&reserve[i], 1, sizeof(short int), fptr);
fread(&headersize, 1, sizeof(long int), fptr);
fread(&infosize, 1, sizeof(long int), fptr);
fread(&width, 1, sizeof(long int), fptr);
fread(&height, 1, sizeof(long int), fptr);
fread(&planes, 1, sizeof(short int), fptr);
fread(&colorbits, 1, sizeof(short int), fptr);
fread(&compression, 1, sizeof(long int), fptr);
fread(&imagesize, 1, sizeof(long int), fptr);
fread(&xresolution, 1, sizeof(long int), fptr);
fread(&yresolution, 1, sizeof(long int), fptr);
fread(&usecolor, 1, sizeof(long int), fptr);
fread(&importantcolor, 1, sizeof(long int), fptr);

if(id[0] != 'B' || id[1] != 'M') // 前二個資料不是 BM，表不是 BMP 檔
{
    cout<< "FILE NOT .BMP.\n";
    exit(1);
```

```
    }
    cout<< "解析度為 << height<< "*" << width;
    fclose(fptr);
}
```

附錄一　ASCII碼

ASCII Table

Dec ＝ 十進位數值

Char ＝ 字元

'5' 的 ASCII 碼是 53

if we write '5' - '0' it evaluates to 53-48, or the int 5

if we write char c ＝ 'B' + 32; then c stores 'b'

Dec	Char		Dec	Char	Dec	Char	Dec	Char
0	NUL	(null)	32	SPACE	64	@	96	'
1	SOH	(star of heading)	33	!	65	A	97	a
2	STX	(star of text)	34	"	66	B	98	b
3	ETX	(end of text)	35	#	67	C	99	c
4	EOT	(end of transmission)	36	$	68	D	100	d
5	ENQ	(enquiry)	37	%	69	E	101	e
6	ACK	(acknowledge)	38	&	70	F	102	f
7	BEL	(bell)	39	'	71	G	103	g
8	BS	(backspace)	40	(	72	H	104	h
9	TAB	(horizontal tab)	41	)	73	I	105	i
10	LF	(NL line feed, new line)	42	*	74	J	106	j
11	VT	(vertical tab)	43	+	75	K	107	k
12	FF	(NP form feed, new page)	44	,	76	L	108	l
13	CR	(carriage return)	45	-	77	M	109	m
14	SO	(shift out)	46	.	78	N	110	n
15	SI	(shift in)	47	/	79	O	111	o
16	DLE	(data link escape)	48	0	80	P	112	p
17	DC1	(device control 1)	49	1	81	Q	113	q
18	DC2	(device control 2)	50	2	82	R	114	r
19	DC3	(device control 3)	51	3	83	S	115	s
20	DC4	(device control 4)	52	4	84	T	116	t
21	NAK	(negative acknowledge)	53	5	85	U	117	u
22	SYN	(synchronous idle)	54	6	86	V	118	v
23	ETB	(end of trans.block)	55	7	87	W	119	w
24	CAN	(cancel)	56	8	88	X	120	x
25	EM	(end of medium)	57	9	89	Y	121	y
26	SUB	(substitute)	58	:	90	Z	122	z
27	ESC	(escape)	59	;	91	[	123	{
28	FS	(file separator)	60	<	92	\	124		
29	GS	(group separator)	61	=	93	]	125	}
30	RS	(record separator)	62	>	94	^	126	~
31	US	(unit separator)	63	?	95	_	127	DEL

國家圖書館出版品預行編目資料

第一次學C語言入門就上手／林振義著. -- 初
版. -- 臺北市：五南圖書出版股份有限公
司, 2024.05
　　面；　公分
ISBN 978--626-393-225-8（平裝）

1.CST: C(電腦程式語言)

312.32C　　　　　　　　113004038

5DM5

第一次學C語言入門就上手

作　　　者 ― 林振義（130.6）

發 行 人 ― 楊榮川

總 經 理 ― 楊士清

總 編 輯 ― 楊秀麗

副總編輯 ― 王正華

責任編輯 ― 張維文

封面設計 ― 封怡彤

出 版 者 ― 五南圖書出版股份有限公司

地　　　址：106台北市大安區和平東路二段339號4樓

電　　　話：(02)2705-5066　　傳　　　真：(02)2706-6100

網　　　址：https://www.wunan.com.tw

電子郵件：wunan@wunan.com.tw

劃撥帳號：01068953

戶　　　名：五南圖書出版股份有限公司

法律顧問　林勝安律師

出版日期　2024年 5 月初版一刷

定　　　價　新臺幣350元

經典永恆・名著常在

五十週年的獻禮 —— 經典名著文庫

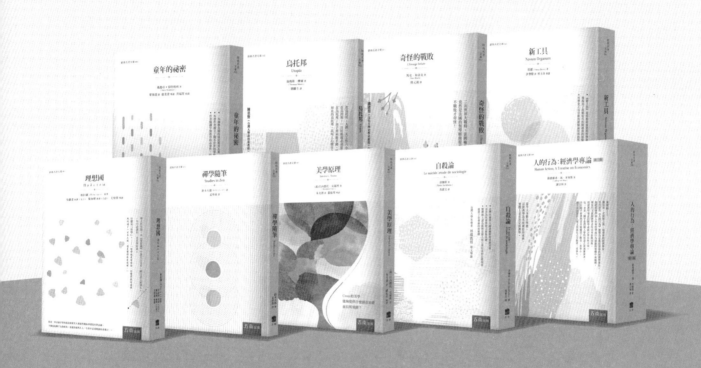

五南，五十年了，半個世紀，人生旅程的一大半，走過來了。
思索著，邁向百年的未來歷程，能為知識界、文化學術界作些什麼？
在速食文化的生態下，有什麼值得讓人雋永品味的？

歷代經典・當今名著，經過時間的洗禮，千錘百鍊，流傳至今，光芒耀人；
不僅使我們能領悟前人的智慧，同時也增深加廣我們思考的深度與視野。
我們決心投入巨資，有計畫的系統梳選，成立「經典名著文庫」，
希望收入古今中外思想性的、充滿睿智與獨見的經典、名著。
這是一項理想性的、永續性的巨大出版工程。
不在意讀者的眾寡，只考慮它的學術價值，力求完整展現先哲思想的軌跡；
為知識界開啟一片智慧之窗，營造一座百花綻放的世界文明公園，
任君遨遊、取菁吸蜜、嘉惠學子！